Self-Analysis

自我分析

〔美〕卡伦·霍妮⊙著

林萱素　乔花娜⊙译

台海出版社

图书在版编目(CIP)数据

自我分析 / (美) 卡伦·霍妮著；林萱素，乔花娜

译 . — 北京：台海出版社，2018.8（2022.7重印）

ISBN 978-7-5168-2042-1

Ⅰ.①自… Ⅱ.①卡… ②林… ③乔… Ⅲ.①精神分

析—研究 Ⅳ.① B84-065

中国版本图书馆 CIP 数据核字 (2018) 第 185783 号

自我分析

著　　者：〔美〕卡伦·霍妮		译　　者：林萱素　乔花娜	
责任编辑：员晓博　曹任云		装帧设计： 同人阁文化传媒 · 书装设计	
版式设计： 同人阁文化传媒 · 书装设计		责任印制：蔡　旭	

出版发行：台海出版社

地　　址：北京市东城区景山东街 20 号　　邮政编码：100009

电　　话：010 — 64041652（发行，邮购）

传　　真：010 — 84045799（总编室）

网　　址：www.taimeng.org.cn/thcbs/default.htm

E-mail：thcbs@126.com

经　　销：全国各地新华书店

印　　刷：香河县宏润印刷有限公司

本书如有破损、缺页、装订错误，请与本社联系调换

开　　本：880mm×1230mm　　1/32

字　　数：192 千字　　　　印　　张：8.125

版　　次：2019年5月第1版　　印　　次：2022年7月第3次印刷

书　　号：ISBN 978-7-5168-2042-1

定　　价：42.00 元

前　　言

　　严格地说，精神分析是一种治疗方法，最初是从医学领域发展起来的。弗洛伊德[1]认为，一些组织器官功能紊乱，例如歇斯底里的抽搐、恐惧、抑郁、药物调整、胃肠功能不适等，可以通过调理深层的潜意识得到治愈。后来，人们把这种组织器官功能紊乱的疾病称为神经症。

　　最近三十年以来，精神病学家认为：神经症病人所承受的痛苦，既有显性症状，也有隐性症状。他们认为：很多患有人格障碍的人，并不会表现出神经症的显性症状。也就是说，神经症或显或隐，但人格障碍却一直存在，而且这种情况也变得越来越明显。因此，精神病学家可以得出这样的结论：这些让人泥足深陷

---

[1] 西格蒙德·弗洛伊德（Sigmund Freud，1856–1939），奥地利精神病医生、心理学家、精神分析派创始人。19世纪90年代，弗洛伊德在临床工作的基础上，开发了"自由联想"等治疗技术，创建了自我分析。1900年，弗洛伊德发表《梦的解析》（*The Interpretation of Dreams*），对潜意识心理进行了探讨，该书被认为是弗洛伊德最重要的著作。1923年，弗洛伊德发表《自我和本我》（*The Ego and the Id*），提出了由本我、自我和超我构成的心理结构模型。此外，弗洛伊德还具有极高的文学素养，精通古典文学，在诗歌、雕塑、绘画、建筑、音乐等方面均有造诣，1930年以其文学才能获得歌德奖。

的不明确困扰是引发神经症的根本原因。

在精神分析的发展中，这一事实起着至关重要的作用。不仅能提高它的功效，而且也扩大了它的范围。显性人格障碍的神经症病人有这样一些特征，诸如强迫性选择困难、在选择爱人或朋友的问题上重蹈覆辙、对工作态度冷漠。精神分析师可以根据病人的临床症状来进行精神分析。然而，精神分析师关注的焦点并非人格和最优发展，最终目的是理解人性的明确困扰，并且在这种困扰中寻求一份宁静。他们分析神经症病人的人格，这是他们治疗神经症的必经之路。如果这项工作能让一个人的整体发展走上更妥善的道路，那就很好了。

无论是在当下，还是在未来，精神分析都可以作为一种治疗特定神经症的方法。虽然这种方法可以帮助大多数人重塑人格，但是同时也增加了自身的负担。越来越多的人求助于精神分析，并不仅是他们承受着诸如抑郁、恐惧或类似精神障碍的疾病，而是他们发现自己无法应对生活，或认为某些内因他们束缚了自身的发展，或损害了人际关系。

最初，基于精神分析的新前景，人们总是会高估它的价值，精神分析也是如此。那时，人们认为精神分析是促进人格发展的唯一途径。现在，这一观点仍广为流传。毋庸置疑，事实并非如此。促进我们发展最有效的助力和我们肩负的苦难都源于生活。背井离乡、疾病困苦、孤独岁月，以及它赐予我们的礼物——一份弥足珍贵的友情，几个肝胆相照的挚友，一个相互协作的团队，所有这些因素都在帮助我们激发自身的潜力。不幸的是，生活之中的帮助也存在一些弊端。我们需要的时候，有利因素并不一定会如期而至；而挫折磨难则不仅挑战着我们的活力和勇气，甚至可能超过我们的承受能力，将我们完全压垮；最终，我们会在困扰中泥足深陷，而忽视生活给予我们的帮助。虽然精神分析有局限性，但它并没有这些不利因素。在精神病学领域，精神分析治疗方法发挥一定的作用。因此，我们可以把精神分析作为一种塑造人物性格的合法途径。

我们生活在文明社会之中，其环境错综复杂、困难重重。考虑到这一点，任何与之相关的帮助都显得倍加重要。然而，即使专业的精神分析能治疗更多的人，它也不可能真正适用于每一个神经症病人。因此，自我分析才有特殊的意义。人们一直认为，在"自我认识"方面，自我分析不但十分重要，而且切实可行，而精神分析的种种发现将极大推动这一尝试。另一方面，正是这些发现，为我们揭示了比以往所知更多的、自我分析所包含的内在困难。因此，在自我分析的过程中，需要保持健康，并且建立信任。

我之所以写这本书是为了严肃地提出这个问题，并全面考虑其中的困难。关于具体的工作阶段，我会尝试提出一些基本的注意事项。但由于这一领域可供参考的病例甚少，所以我将自己的主要目标确定为提出问题、鼓励积极地尝试进行自我分析，而不是提供任何明确的答案。

首先，对个体而言，合理的尝试自我分析很重要。这种尝试将给神经症病人提供一个自我觉醒的机会。在此，我指的不仅是一直以来遭到压制、无法运用的特殊天赋和潜力，它能让一个人摆脱那些会造成严重后果的强迫意向，从而成长为一个精力充沛、全面发展的人。不仅如此，自我分析还涉及一个更深层的问题。当今，我们都在为民主理想而奋斗，而实现这一目标必不可少的一条信念就是个体——并且是尽可能多的个体——应该实现自己潜力的全面发展。尽管帮助个体进行这种自我分析并不能解决世界存在的种种问题，但它至少可以帮助我们分辨一些冲突、误解、憎恨、畏惧、伤害以及缺陷等等，这些既是问题形成的根源，又是问题引发的后果。

在早期出版的两本书[1]中，我曾提出一种关于神经症的理论，在这本书中，我将对其进行详尽阐述。至于那些新观点、新构想，我很想避而不谈，但是，如果连那些可能对自省有用的建议也一起摒弃，则显然是不明智的。所以，我会努力试着在不偏离主旨的情况下，尽可能简洁地阐明这些观点。神经症非常复杂，这是一个既不可能也绝对无法掩盖的事实。我充分认识到了这一点。

在此，我要感谢栽培我的祖国，感谢我的母校，感谢所有帮助过我的家人、领导、老师和挚友。

---

[1] 本书首次出版是1942年，在此之前，霍妮出版了两部著作，即1937年出版的《我们时代的神经症人格》（*The Neurotic Personality of Our Time*）和1939年出版的《精神分析的新方法》（*New Ways in Psychoanalysis*）。

目　　录

第一章

自我分析的
可能性与可行性

每一位精神分析师都知道，精神分析进行得越迅速越有效，病人就越"配合"。在谈到配合的时候，我所指的即不是病人要礼貌、体贴地接受精神分析师提出的任何建议；也不意味着病人就必须自觉自愿地提供自己的相关信息。大多数寻求治疗的病人都得面对并接受真实的自己，或早或晚而已。在创作的过程中，音乐家会不由自主地把自己的情感融入音乐中，同样，神经症病人也很难有意识地控制自己的行为方式。如果内在因素让音乐家难以抒发情感，那么他就无法工作，也创作不出任何作品。同样，神经症病人在分析的过程中一旦遇到一种内在的阻碍，那么，即使他想有合作的最良好的意愿，他的努力也不会有成果。但是，如果病人越来越能够合理地控制自己的情绪，那么他就越有能力处理自己的问题，而精神分析师和病人双方的沟通和治疗也会更有意义。

自我分析就像一趟艰难的登山，精神分析师只在其中担任向导一职，他只是为我们指出哪条路更合适，哪条路则应该避开。为了表述得更准确，还需要补充一点：精神分析师对病人的人生之路并不十分确定。尽管他有爬山的经验，但他并没有翻越过他们那座独特的山。基于这一事实，病人的心理活动和创作思维就更重要了。自我分析的时间长度和效果取决于精神分析师的能力和病人的层次。

如果病人一直处于情绪低落的状态，自我分析就必然会因为或这或那的阻碍而终结。在自我分析的过程中，病人的心态就显得尤为重要了。

尽管精神分析师和病人不会对此满意，但是经过千锤百炼之后，他们却有可能惊喜地发现，病人取得了相当大的、稳定的进步。如果经过仔细检查并发现神经症病人的病情有所改善，那

　　么我们就可以说这是分析治疗的一种滞后效应。然而，这种滞后效应并不容易说明，能够促成这一结果的因素多种多样。比如，先前的自我分析可能已经让病人做出了准确的自我反省。比起以前，他更加确信自己内心缺乏一种宁静致远、豁达淳朴的心态。他甚至可能会发现自己内心潜藏的阴暗。他也可能把精神分析师的所有建议都当成了一种外部干扰，一旦这种干扰不存在了，那些建议就又以新的形式重新出现，于是这一次他很容易就领悟了。或者，如果神经症病人有这样一种症状，他们迫切地想超过甚至挫败他人。那么，他们就不太可能会让精神分析师顺利工作并从中得到满足，只有精神分析师从这个案例中完全退出，变得全然不相干，病人才可能恢复正常。最后，我们必须记住，滞后效应还会发生在很多其他的情况下。例如，在交谈中，我们可能要花很长时间才能领会一个笑话或一句话的真正含义。

　　尽管上述种种解释虽然各不相同，但是却都指向同一个方向：它们说明病人内心经历了一种无意识的心理活动，或至少他无意识地进行过此种努力。这样的心理活动，甚至有些有意义的指向性活动，确实会在我们意识不到的情况下发生。例如，那些意味深长的梦，有时工作毫无头绪，一觉醒来问题却迎刃而解；有时前一天还令人困惑的决定，一觉醒来之后变得清晰明了，这种情况也并不罕见。此外，显意识无法表露的喜乐悲苦，潜意识都一一铭记下来。

　　实际上，每一位精神分析师都要观察病人的心理活动，来对病人进行分析。这一活动隐藏着一种理念：如果困扰得以解决，那么精神分析师的工作就能顺利进行。同时，我还想强调一下这件事的积极方面：一个人渴求得以救治的动机越强烈，他所受到的阻力就越弱，他也将富有创作思维。但是，不论我们强调的是消极的，还是积极的，其基本原则都是相同的。通过困扰得以解决或诱发充分的动机，激发出病人的潜力，从而引导他进行更深刻的思考。

本书的主旨是：我们是否可以更进一步。如果精神分析师观察病人无意识心理活动，而病人又有独立解决问题的能力，那么，我们能否用一种更加慎重的方式运用这种能力？病人能否利用他自身的批判性思维，彻底检查其自我反省的结果或联想？人们普遍认为，精神分析师和病人扮演着不同的角色。大体而言，病人将自己的思想、情感以及冲动表露出来，而精神分析师则运用自己的批判性思维来分辨病人的用意。他把表面看上去毫无联系的材料组合在一起，质疑病人陈述的有效性，根据推测出来的意思，给出建议。我之所以这么说是因为精神分析师也会利用自己的直觉，病人也可以自己将材料组织起来。但是，总的来说，精神分析的过程中存在不同工种的劳动分工职能，它们各占优势。它能让病人放松，清楚地表达自己心中所想。

然而，两次精神分析间隔期，我们应该怎么办呢？各种原因造成的长时间中断又该怎么办呢？为什么要把希望寄托在偶然因素上，指望某些病症会在不经意间不治而愈呢？不但不鼓励病人进行慎重的、准确的自我反省，而且还鼓励其运用自己的推理能力获得一种自我认知，这不可行吗？也许，这项工作布满荆棘。自我分析有一定的局限性——这一点我们稍后再讨论——所有的困扰都指向这个问题：自我分析是否可行？

在精神病学领域，这个问题由来已久：人能认识自己吗？令人鼓舞的是，人们虽然知道认识自己不易，却一直将其视为切实可行的。然而，这种鼓舞并不能持续多久。因为古人的观点和我们的看法大相径庭。我们知道，尤其是自弗洛伊德提出精神分析的基础理论^[1]以来，这个问题的复杂、困难程度远非古人所能想象——实际上，它是如此困难，以至于人们仅仅是严肃地提出这个问题，就已经像是进行了一次探索未知的冒险活动。

最近，一些书陆续出版。这些书指导读者处理人际关系。其中有一些只是针对如何处理个人和社会的问题，或多或少提出了一些普遍适用的建议，对于自我认识，即使谈到了，也是浮光掠影，比如戴尔·卡耐基的《如何赢得朋友及影响他人》。但是还有一些，则明确地指向了自我分析，就像大卫·西伯里所著的《回归自我》。如果，我认为有必要就这个主题另写一本书，那我确定，在这些作家中，即使是像西伯里这样最优秀的人，也没能透彻地理解弗洛伊德开创的自我分析，因而无法给出足够的指导。^[2]此外，就像《简易自我分析》这样的书名所清楚表明的那样，他们并没有认识到这个问题的复杂程度。这类书表现出的此种趋势，也含蓄地隐匿于一些研究人格的神经症治疗的尝试之中。

这些尝试都给了我们这种暗示：自我认识是一件很容易的事情。然而，这是一种错觉，一种一厢情愿的看法，一种对自我认识断然有害的错误观点。抱有这种观点的人，要么摆出一副虚假的自命不凡，以为对自身已了如指掌；要么在第一次遇到较大挫

---

[1] 指的是弗洛伊德的潜意识学说和性本能理论。1900年，弗洛伊德发表《梦的解析》，论述了梦的形成机制以及梦境生活问题等，并探讨了潜意识的结构、内容和作用方式，对心理学贡献极大。1905年，他发表《性学三论》全面阐述幼儿性作用，1913年发表《图腾与禁忌》进一步强调乱伦、弑亲等行为的本质，引起广泛关注。

[2] 拉斯韦尔（Harold D.Lasswell, 1902–1977）在其作品《经由公意的民主》（*Democracy Through Public Opinion*）第四章"认识你自己（Know Thyself）"中，指出了自由联想在自我认识中的价值，但是，由于这本书探讨的是另一个主题，所以他的讨论并未涉及自我分析这个问题的具体方面。

折的时候就心灰意冷，将探寻自我的真相视为一份糟糕的工作，而意欲放弃。如果我们能明白，自我分析的过程费时费力，而且不时就让人陷入痛苦、挫折，需要我们全力以赴，那么，上述两种结果就不会轻易发生了。

经验丰富的精神分析师永远不会被这种乐观主义所迷惑，因为，对于病人在有能力直面问题之前所要经历的那种艰苦卓绝，有时甚至堪称困兽之斗的抗争，他十分熟悉。精神分析师宁愿选择相反的极端，即彻底否认自我分析的可能性。他之所以会有这种倾向，不仅有其经验基础，还有理论依据。例如，他提出这样的论据：病人只有在再次体验到自己孩提时代的欲望、畏惧，并且对精神分析师产生依赖时，才能让自己从困境中得以救治出来；如果任由病人自行其是，他充其量也就只能得到一些毫无效用的"纯理智的"自我认知而已。像这样的论据，如果详细审查——在此，我们省略这一步——它们最终会归结到这种怀疑：病人的动机是否强大到单纯依靠自己的力量，就能克服充斥于通往自我认识道路上的所有障碍。

我强调这一点有充分的理由。在每一次的精神分析中，病人想要实现一个目标的动机都是一个重要因素。我们可以肯定地说，如果病人自己不愿意，精神分析师无法进一步治愈他。不过，在分析的过程中，病人却能得到精神分析师的帮助，得到其鼓舞和指导，关于精神分析师的这些价值，我们将在另一章讨论。如果病人只能依靠自身的资源，那么他的动机就成了决定性因素。确实是决定性的，自我分析的可行性就取决于这种动机的强烈程度。

毫无疑问，弗洛伊德认为，某些不具体的障碍让神经症病人泥足深陷，这种动机就在于此。但是，实际上，如果严重的痛苦从未存在，或在治疗期间消失了，他便会感到困惑，不知该如何应对这种动机。他认为，病人对精神分析师的"爱"可以成为另外一种动机——如果这种"爱"不是以具体的性欲满足为目的，而是甘愿接受精神分析师的帮助。这听起来似乎很有道理。但是，我们一定不能忘了，在每一例神经症中，病人爱的能力都受到了严重损伤，而这种情况的出现，很大程度上意味着病人对情感的需求不正常。确实，有些病人——而且我认为弗洛伊德已经考虑到这类人了——相当乐意取悦精神分析师。比如，他们多少都愿意不加鉴别地接受精神分析师的解释，并试图表现出分析已经取得了进展的样子。然而，这种结果并不是因为对精神分析师的爱才产生的，它只是病人用来减轻其潜在的对他人恐惧的方法，从更广泛的意义上说，这是他应对生活的方式，因为，以一种更加独立的方式处理问题，会让他发现自己的无助。这样一来，想要取得良好成效的动机就完全取决于精神分析师和病人的关系。如果病人发现遭到了拒绝或批评——这种情况极易发生——他就不顾自己的切身利益，而精神分析工作也就成了病人发泄怨恨、进行报复的战场。比这种动机的不可靠性更重要的是，精神分析师必须遏制此动机。因为，对病人而言，行事一味依从别人的要求，却丝毫不在乎自己的意愿，也就造成了其主要的烦恼，因而，这种动机只能分析不能利用。因此，弗洛伊德认为，唯一有效的动机是这种意愿，它可以帮助病人摆脱明确的困扰，而且，正如弗洛伊德的断言，这种动机必定会随着症状的减轻，以精确的比率相应地减弱，因而不会持续很久。

尽管如此，如果以消除症状为分析的唯一目标，那么这种动机还是可以满足需求的。但是，这样就足够了吗？对这些目标的看法，弗洛伊德从未明确表达过。只说一名病人应该具备工作和享乐的能力，却没有对这两种能力进行定性描述，这是毫无意义的。是具备了持续工作的能力，还是进行创作思维工作的能力？是享受性爱的能力，还是过正常生活的能力？同样，认为分析等同于一种再教育的观点，也是含糊不清的，并没有给出一个答案。再教育的目的是什么？也许，弗洛伊德并没有过多思考这个问题，因为，他的著作从第一本到最后一本都可以看出，他的主要目标在于治疗神经症；他关心人格的每一个变化，只有它能确保永久治愈那些病状。

因此，从根本上说，弗洛伊德的目标可以定义为一种消极的方式：让病人"免受苦痛"。然而，该思想的其他发起者，包括我自己，则愿意用积极的态度来确定分析的目标：让病人摆脱内在束缚，激发他的潜力。这听起来似乎只是侧重点不同。然而，即便如此，不同的重心也足以彻底改变动机问题。

只要病人内心怀有动机，只要这种动机足够强烈，就能够提升他所具有的任何能力，能够挖掘他既有的潜力，能够让他在不得不承受间或的深切苦痛时也不放弃自己。简而言之，只要他有前进的动机，那么，用积极的方式设立目标，就具有现实意义。

讲清楚这个问题之后，事情就变得清晰明了，侧重点的不同并不是此中涉及的唯一问题，因为，弗洛伊德已经断然否定了这种意愿的存在。他甚至嘲笑这一意愿，认为它是凭空想象的，只是一个空洞的理想主义。弗洛伊德认为自我发展的强烈欲望属于"水仙花综合征"，即自恋。也就是说，这种欲望表现出来的，只是一种自我膨胀和排挤他人的趋势。单纯从理论角度考虑就提出一种假设，这并非弗洛伊德的本意。从根本上说，弗洛伊德的洞察力很强，他非常擅于观察事物的本质。在本例中，这种观察所得就是，各种自我扩张的趋势有时是自我发展意愿中一个强有力的因素。弗洛伊德认为这种"自恋"并非只有一种原因。如果对自我膨胀进行精神分析并将其抛弃，我们就会发现要求发展的意愿依然存在，甚至比以往任何时候都要清晰、强烈。那些"自恋"因素，在促进意愿发展的同时，也限制了意愿的实现。引用一位病人的话："'自恋'的欲望指向的是潜意识自我的发展。"而潜意识自我的发展总是以牺牲真实自我为代价，令其受到鄙视，纵不至于此，也会让真实自我遭受冷遇。我的经验是，对潜意识自我的关注越少，对真实自我的投入才会越多，而动机也才能摆脱内部束缚，更加自由地展露发展起来，只有这样，真实自我才能在现有境况允许的条件下，尽可能地得到充实、有所期望。在我看来，追求个人能力发展的意愿，属于抗拒进一步分析抗拒中的一种。

从理论方面来看，弗洛伊德对自我发展意愿的怀疑，跟他的这一假设有关："自我"是单一的，它在本能的驱使力、外界的要求以及严峻道德心的拷问之间沉浮。然而，从根本上说，我认为这两种关于分析目标的构想，表达了对于人性中不同的哲学理念。用麦克斯·奥托的话而言："一个人哲学思想的渊源在于他对人类的信任。如果某人对人类有信心，并且认为人类可以实现一些美好的事情，那么，他就会树立起和自己的信心一致的人生观、世界观。如果他对人类缺乏信心，那么，他的世界观也便如此。"值得一提的是，弗洛伊德在他对梦进行解析的那本书中，含蓄地发表了自己的观点，他认为自我分析在某种程度上是可行的，因为在书中，他的确对自己的梦进行了分析。考虑到他的整个哲学思想都在否认自我分析的可能，这一点就显得颇为有趣。

但是，即使我们承认，进行自我分析的动机足够充分，我们也仍然面临着这样一个问题：一个不具备必要的知识、培训和经验的门外汉是否有能力承担起精神分析师这一重任？人们甚至可能会对此心存疑虑：这本书中第三、第四章阐述的观点是否足以替代一名专家所具备的专业技能？当然，我并没有掌握任何可能替代的技能，我甚至从未寻求过任何一种大体相当的替代技能。这样看来，我们似乎是陷入了绝境，但是，事实果真如此吗？通常，一个极端原则的实用性即使看上去有理，也揭开了一种谬误。关于这个问题——尽管我对专业化在文化发展中所扮演的角色尊敬之至——人们应该记住，对专业化敬畏过甚，会导致主动性无法正常发挥。我们都倾向于认为，只有政治家才理解政治，只有机修工才会修车，只有受过训练的园艺师才可以修剪树木。确实，一个受过训练的人比一个没有受训的人，工作起来更快更有效，甚至，在很多实例中，后者都是全然无法从事相应的工作。实际上，受过训练的人和未受训练的人之间的差距，也常被夸大。高度专业化可能会导致资源分配不均衡的现象，加大贫富差距。因此，合理分配资源就显得尤为重要了。

这种一般性的考虑虽然令人振奋，但是，为了对自我分析技能方面的可行性进行一个恰当的评估，我们还必须将构成一个专业精神分析师知识素养的具体细节形象化。首先，对他人进行分析需要具备渊博的心理学知识，这包括潜意识的本质、它们的表现形式、它们产生的原因、它们造成的影响、解决的办法。其次，这种分析要求具备熟练的技能——经过严格训练并在实践中千锤百炼才发展起来的技能，包括：精神分析师必须明白，应该如何对病人进行治疗；医生面对材料迷宫中各种错综复杂的因素，他们必须相当清楚，哪些应该立即解决，哪些可以暂且搁置；精神分析师必须具备高超的能力，可以"触及病人内心"——这是某种近乎直觉的、对心灵潜在感情的考察。最后，对他人进行分析，还要求精神分析师对自己有一个全面的认识。在治疗病人时，精神分析师必须置身于一个理想的国度，而又回溯到一个依法治国、标准严苛的世界。此外，还存在一种相当大的风险，即，精神分析师会曲解、误导病人，甚至可能令病人受到实质性的伤害。这并不是因为精神分析师居心叵测，而是他们经验不足。因此，精神分析师既要全面地理解精神分析的方法，又要熟练地使用它。同等重要的是，他必须明白他与自己、与他人的关系。既然这三点要求都是不可或缺的。因此，只有具备这些专业素养的精神分析师，才有资格用这种方法治疗神经症病人。

但是，这些要求也不能不假思索地就用于自我分析。因为，在一些基本点上，自我分析跟分析他人是不同的。在此，与之相关的最大差异是：我们每个人所代表的个人世界对我们自己而言并不陌生。实际上，这是唯一一个我们真正了解的世界。当然，有一点不可否认，一个神经症病人会主动疏离其个人世界的大部分，并且强烈拒绝看到其中的一部分。而且，他在认识、了解自己的过程中，总会存在这种危险趋势：他把一些意味深远的因素看得太过理所当然，而将其忽略。但是，有一点事实是不会改变的：这是他的世界，关于这个世界的全部知识都以一种方式存在于那里，他只需对其进行观察，并利用观察所得作出评估即可。如果他有志于探索自己困境产生的根源，如果他能克服那些在认清困难根源过程中遇到的阻碍，那么，在一些方面，他就可以比一个局外人更好地观察自己。毕竟，他是每时每刻都跟自己在一起的。他进行自我反省的机会，常被拿来与一个聪慧的护士做对比——后者有大量的时间与病人相处；然而，一个精神分析师每天见到病人的时间，最多只有一个小时。精神分析师有更好的观察方法，有更清晰的观察、推论视角，而护士则可以进行更细致的观察。

这一事实是自我分析的显著优点。实际上，它不但降低了对专业精神分析师的第一个要求，更使得第二个要求失去了存在的意义：进行自我分析对心理学知识的要求没有分析他人的要求高，而且，进行自我分析完全不需要那种在处理与任何他人关系时所要求的战略技巧。决定自我分析的关键，不在于这些方面，而在于那些让我们看不到潜意识的情感因素。自我分析的主要困难在于情感而非理智，这一点已为如下事实所确认：精神分析师在进行自我分析的时候，并不是我们想象的那样，拥有远超过门外汉的巨大优势。

因此，从理论方面讲，我找不到任何有说服力的理由，可以批驳自我分析的可行性。就算很多人在个人问题中泥足深陷，无法进行自我分析；就算自我分析永远也达不到专业精神分析的进度和确诊度；就算某些阻碍只有借助外力才能克服——即便如此，这一切都不能成为自我分析无法在原则上实现的证据。

然而，在理论的基础上，我并不敢冒昧地提出自我分析这个问题。提出这个问题的勇气，以及严肃对待它的力量，来自那些能够证明自我分析可行性的诸多经验。这些经验，有的是我的亲身经历，有的是同事们经历并告诉我的，有的是我的病人们所经历的——我鼓励他们在接受我的精神分析的间隔期进行自我分析。这些成功的尝试，并不仅仅关注表面的困难。实际上，这其中有些问题处理起来相当棘手——即使是在精神分析师的帮助下，这些问题一般也是难以克服的。不过，这种成功是在一种有利条件下实现的：所有敢于进行自我分析的人，之前已经接受过精神分析师的治疗，这意味着，他们熟悉治疗的方法，自身经验告诉他们，在治疗过程中，那种面对现实的坦率可以暖人心扉。如果没有经验，那么自我分析是否可行，以及要达到什么程度才可行，就是一个未解之题了。然而，还有一个令人鼓舞的事实是：很多人在寻求治疗之前，已经对自己的问题有一种准确的自我认知。诚然，这些自我认知是不足的，但是我们也不能忽略这一事实：在此之前，这些人并没有精神分析的经历。

　　一个人倘若完全有能力进行自我分析——这一点我们稍后再议——那么，他可能会进行自我分析的情况，可以简略地概括如下：病人可以在两次治疗之间较长时间的间隔期进行自我分析，这种间隔期在大多精神分析治疗中都存在，比如节假日、因故离开所在城市、工作或个人原因缺席治疗等情况；只有少数城市有优秀的精神分析师，那些不住在这些城市的人，只能偶尔去见一次精神分析师，接受治疗，这样一来，分析的主要工作就要依靠自己。同样的事情也会发生在这种情况下：有的人与精神分析师住在同一个城市，却没有良好的经济条件来支付定期治疗的费用；还有可能，一个人贸然结束了治疗，而单独进行自我分析。最终，在没有外界治疗帮助的情况下，自我分析是否可行，仍要打上一个问号。

　　但是，这里还存在另一个问题。即使自我分析在限制条件内是可行的，那这又是否可取？如果神经症病人无法定期到医院就诊，自我分析会不会太过危险而不宜运用？我们都知道，一次失败的手术会让人失去性命，精神分析运用不当虽不至于产生如此严重的后果，但弗洛伊德不还是把精神分析拿来跟外科手术做比较吗？

　　如果一个人一直处于莫名的焦虑当中，那么他永远也不会有什么助益，还是让我们试着详细检视一下，自我分析可能存在哪些危险。首先，很多人认为，自我分析会加重心理负担。人们把这一理由当作抗拒任何形式的自我分析，以前就有人提起过，现在仍然有人在提。但是，我之所以想就此问题重新展开讨论，是因为我确定，在自我分析没有或仅有微乎其微的专业指导时，会让病人心生抗拒。

自我分析可能会让人进行更深刻的自省，因此而产生的忧惧引起了人们的抗拒，而这种抗拒的声音，似乎是从一种人生观中得出的——这种人生观在《波士顿故事》[1]中有很好的体现——它不承认个体存在的地位、不承认个体的情感和奋斗。持这种观点的人认为这一点至关重要：个体要融入环境，要服务于社会，而且要履行自己的职责。因此，无论个体有什么畏惧或欲望，都应该加以控制。只有自律，才是至高美德。而如果对自身考虑过多，无论是以何种方式，就都是自私放纵，是"利己主义"。然而，自我分析中那些最卓越的代表，不仅强调对他人的责任，也重视对自身的责任。因此，他们不仅不会忽略，反而会强调个体对幸福的追求是一种不可剥夺的权力，这也包括了个体重视其身心自由的意识。

至于这两种人生观的价值如何，则必须要求每位个体自主判断。如果一个人倾向于前者，那么，再与之讨论自我分析的问题就没有多少意义了，因为他必定认为，给予自身及其存在问题如此多的考虑是不合时宜的。而我们也只能这样劝解他：经过精神分析之后，个体通常不会像以前那样自私自利，也更加重视人际关系。即使做乐观的估计，他可能也只会承认，自省也许是取得

---

[1] 美国作家马昆德（John Phillips Marquand）1937年创作的小说，讽刺了波士顿上层阶级，于1938年获得普利策小说奖。

良好结果的一种有争议的手段。

如果某人的信念与后一种人生观相符，那么，他可能不会认同自省本身就应受谴责这种观点。因为对他而言，认可自我与认可环境中其他因素同等重要，探索自我的真相与探索人生其他领域的真相具有相同的价值。他唯一关心的问题是，自省是有益的还是毫无效用的？我可以肯定地说，如果是为实现成为更优秀、更有涵养、更强健的人这一意愿服务，也就是说，以自我认识和改变为首要目标，并为之努力奋斗，那么，自省就是有益的。如果自省本身就是目标，即，如果追求自省仅仅是因为对某种心理学流派感兴趣——为艺术而艺术——那么，自省很容易就成为休斯顿·彼得森（Houston Peterson）所说的"狂躁症（Mania Psychologic）"。而且，如果自省只是沉浸于自我欣赏或自怜自艾、对自身无穷无尽的冥思苦想、空洞贫乏的自责内疚中，那么它也就相当于是无用的。

在此，我们找出了核心问题：自我分析难道不会很容易就堕落为那类漫无目的的沉思？根据我的临床经验，我认为这种危险并不像人们想象的那样普遍。人们完全可以认为，只有那些在自我分析时常会陷入困顿的人，才会遇到这种危险。如果人们失去了指导，那么他们就会在无意义的精神错乱中忘记自我。尽管他们的自我分析注定要失败，但是也绝不会产生危害。因为，导致他们陷入沉思的，并不是自我分析。他们要么因自己所遭受的而委屈，要么因外貌不佳而伤感，要么因他们做错的事情而懊悔，要么因社会不公正的现象而哀伤。在接触分析之前，他们就已经反复阐述过漫无目的的"精神分析"，他们利用——或说是滥用——分析来为自己继续原有的轨迹辩解：分析给他们造成了一种错觉，让他们以为重复同样的事情就是诚实的自我探究。因此，我们应该把这些尝试看作是限制自我分析的因素，而不是危害自我分析的因素。

我们考虑一下自我分析可能带来的危险因素，其本质问题在于：它是否包含对个体造成明确的困扰。在试图单枪匹马冒此风险时，个体是否会激发其内在的潜力？如果他认为一种具有决定性作用的潜意识存在某种冲突，却又一时找不到解决方法，这是否会唤起他内心深处的焦虑、无助、忧郁，在负面情绪中泥足深陷，甚至考虑自杀？

基于这种情况，我们必须将暂时性伤害和长期性伤害区分开来。暂时性伤害在每一次分析中都是不可避免的，因为任何触及压抑在内心深处的情感或事情的行为都必然激起焦虑，而这些焦虑在以前是由人本身的自我防御机制加以缓和的。同样，恼怒和愤懑的影响也必然会突显出来——它们原本是被隔绝于意识之外的。这种冲击效应如此强烈，并不是分析会引导个体意识到一种无法容忍的恶劣或恶毒的心理趋势，而是它动摇了一种平衡。这种平衡虽然不稳定，却能保护个体避免沦陷于多有分歧的内驱力所造成的混乱。既然我们稍后要讨论这些短时困扰的性质，那么，在此只陈述一下它们发生的事实就足够了。

如果一名病人在精神分析的过程中遇到这种困扰，他可能只是会感到深深的焦虑，或出现旧症复发的情况。他自然也会因此而感到气馁。不过，他通常只需经过一段短暂的时间，就能克服这些挫折。只要适应了新的自我认知，这些挫折就会消失，而有理有据、积极主动的情感则会占据其位置。这些挫折象征着，在对生活重新定位时，震动和伤痛是不可避免的，它们隐藏在所有建设性的过程中。

在这段时期，病人尤其需要精神分析师伸出援助之手。如果整个过程能得到足够的帮助，自然会更轻松顺利，我们也视之为理所当然的。然而，在这里，我们应该担忧的是下面这种情况。个体也许会因为无法独自克服这些困难，而长期受到伤害。或者，在发现自己的思想基础发生动摇时，他可能会铤而走险。例如，亡命驾驶、疯狂赌博，损害自身利益，甚至会试图自杀。

在我观察过的自我分析病例中，从未发生过这种不幸的意外。但是，这些观察结果仍然有极大的局限，根本无法提供任何有说服力的统计学证据。例如，我不能说，这种概率只有百分之一，它所引发的结果可能令人遗憾。然而，我们却有充分的理由认为，这种危险极其罕见，少到了可以忽略不计的程度。对每一次自我分析的观察所得表明，病人完全有能力保护自己免受其尚不具备的自我认知的伤害。如果一种解释表现出对其安全的巨大威胁，病人可能有意识地拒绝它；也有可能会选择忘记；也有可能会切断自身与它的关联性；也有可能据理力争说服对方；也有可能视其为不公的批评仅仅感到愤怒而已。

我们可以确切地认为，这些自我保护的力量，同样也能运用在自我分析上。一个试图对自己进行分析的人，也许会轻易败在自我反省上，因为后者可能会导向其自身尚且无法忍受的种种自我认知。这时，他可以用别的方式来解释这些自我认知，以避其锋芒；或者，他仅仅将一个自以为错误的看法，迅速而粗略地加以修正，并因此而闭门造车。因而，在自我分析中，真正的危险可能比在专业分析中的要少，病人凭直觉就知道需要避开什么。即使一名精神分析师的思维再敏锐，他也有可能犯错，以至于给病人提供了一个不成熟的解决方案。此外，神经症病人逃避问题，而不是积极解决，危险便不再具有伤害性了。

如果有人确实想办法克服困扰，那么我认为，这其中有几点注意事项可供参考。其一，一个偶然发现的真相不仅有令人烦恼的一面，同时，它也能激发人们内在的潜力，这种潜力是所有真相先天固有的。如果人们爆发出自己的潜力，那么焦虑就可以得到舒缓。如此一来，人们的内心就会静下来。但是，即便充满重重阻碍，关于自身某一真相的发现仍然意味着曙光已经出现。即使还看不清楚，我们也能凭直觉感受到，并能因此获得继续前进的勇气。

需要注意的次要因素是，即使某一真相令人深感恐惧，其中也会含有一些对人有益的东西。举例而言，如果一个人意识到自己一直在走向自我毁灭，那么他对这种驱使力的清醒认识，比让他安静地工作安全得多。这种认识是令人恐惧的，但只要有一丝生存的意愿，它就能调动起具有抗拒作用的自我保护力量。而如果没有足够的生存意愿，无论是否进行自我分析，这个人最终都会走向毁灭。用一种更加积极的方式来表达相同的思想，那就是：如果某人有足够的勇气去探索一个关于自己的不愉快的真相，我们完全可以认为，他胆气十足，能够助其走出困境。他在认知自我的道路上前行了这么远，这一纯粹的事实就能表明，他不放弃自己的意愿十分强大，完全能够保护自己免遭压垮。但是，在自我分析中，从开始着手处理问题到解决并整合问题，可能会是一个持续很久的时期。

最后，我们绝不应忘记，在分析中真正使人惊慌的神经症人格障碍，会仅仅因为在当时无法恰当领会某个解释而发生的情况，是很罕见的。更常见的是，那种令人不安的发展状态的真正根源在于这一事实：分析中的解释或整个分析的情境，会引起直指精神分析师的敌意。如果神经症病人把这种敌意隔绝于意识之外而不加以表达，他们就会萌生自杀倾向。这样一来，自杀就成了病人报复精神分析师的一种手段。

如果有人在独自一人的情况下，遭遇一种令人苦恼的自我认知，那么他别无选择，只能完全依靠自己与之战斗。他需要小心谨慎，不受诱惑，以免将责任推卸给他人，自己却躲开此自我认知。这种慎重是有根据的，因为，无论何时，让他人为自己的缺点负责的趋向都是十分强烈的。如果某人还没有为自己负责的能力，那么即使是在自我分析的过程中，一旦认识到自己的一个缺点，他也可能会突然发怒。

因此，我认为自我分析是在可能性的范围内进行的，它会造成的实质性伤害相对而言是非常小的。诚然，它也有诸多弊端。从本质上说，它或多或少都弊大于利。简单而言，治疗一例失败的神经症需要花费很长的时间，才能找到核心问题并予以解决。但是，毫无疑问，除了这些弊端，还有很多因素让自我分析变得可取。首先，很显然，前面已经提到过很多外部因素。对于那些因为经济、时间或地理位置等原因，无法接受定期治疗的人而言，自我分析是普遍的。即使是那些有条件接受治疗的人，在治疗的间隔期，如果神经症病人受到鼓励，积极主动地进行自我分析，也能显著缩短疗程。

即使抛开这些理由，对那些有能力进行自我分析的人而言，自我分析也是大有裨益的。这些益处更多是精神上的，不可触摸却真实存在。这些益处既可以是稳固的潜意识，也可以是坚定的自信心。每一例成功的自我分析都会提升自信。此外，完全依靠自己的首创精神、勇气和毅力克服障碍、开疆辟土，还能获得一种额外的收获。分析的这种效果，与生活中其他领域的情况是相同的。例如，跟选择一条别人指给自己的路相比，全凭一己之力找到一条出路，能够获得更加强烈的优越感，尽管两条路需耗费的艰辛相同、最终的结果也相同。这不仅会使人产生成就感，而且让人树立信心从而告诫自己：即使独自面对困难，也不会忘记自己的使命。

第二章

神经症的驱使力

如前所述，精神分析作为一种神经症的治疗方法，不仅具有临床价值，而且具有人性价值，它拥有帮助人们进一步发展其最优秀品质的作用。这两个目标通过其他方式也能实现，而精神分析的特殊之处在于，它是凭借人的理解力实现的——不仅利用同情、忍耐、对彼此联系的直觉把握，这是人类任何一种理解力都必不可少的品质，此外，更重要的是，它能够通过努力获得对整体人格的精确描绘。这是通过揭露诸多潜意识因素所特有的技能手段来实现的，因为弗洛伊德已经清楚指明，如果我们无法认识到潜意识的作用，我们就不可能获得这样的形象描绘。从弗洛伊德的话中，我们可以得知，这会让我们产生一些不正常的行动、情感、心理反应，它们跟我们有意识要求的是不同的，甚至可能破坏我们和周围世界的和谐关系。

当然，每个人都有这些潜意识动机。而且，它们也绝不会总是导致各种神经症。只有在神经症存在的时候，发现并识别种种潜意识因素才是重要的。因为，不管是什么潜意识驱使我们描绘、书写，只要我们能够合理、充分地用绘画或创作表达自己，我们就绝不会费心费力去思考；不管是什么潜意识动机引导我们走向爱和奉献，只要这爱和奉献能给我们的人生带来有益的内容，我们就不会对其感兴趣。但是，如果我们在创作思维工作或建立良好人际关系方面取得了表面上的成功——这一成功是我们曾经不顾所有想要取得的——但实际上，我们却只感到空虚渺茫和快快不乐；或者，如果已经竭尽心力，还是屡战屡败，我们也隐约发现，不能把失败全部归因于外部环境；这时，我们就确实需要思考一下种种潜意识因素。简而言之，如果有迹象表明某些阻碍牵制了我们，束缚了我们的追求，我们就需要检查一下自己的潜意识动机了。

自弗洛伊德以来，潜意识动机已作为人类心理学的基本事实为人们所接受，尤其是考虑到每个人都可以通过各种各样的渠道来扩展知识，增加对潜意识动机的了解。所以，关于这个问题，在这里就不需要详细阐述了。首先，弗洛伊德的著作就是很好的学习材料，例如《精神分析导论》《日常生活的精神病理学》《梦的解析》等；还有那些对他的理论进行概括、总结的作品，例如艾夫斯·亨德里克的《精神分析的理论与病例》。同样值得参考的还有那些努力发展弗洛伊德基本发现的作品，例如H.S.沙利文的《现代精神病学概论》，爱德华·A·斯特雷克的《探索临床神经症》，埃里希·弗洛姆的《逃避自由》，或我本人的《我们时代的神经症人格》和《精神分析的新方法》。还有，A.H.马斯洛和贝拉·米特尔曼合著的《变态心理学原理》，以及弗里茨·昆克尔的作品——比如《性格成长与教育》，都能给我们提供很多有价值的线索。哲学类书籍，尤其是爱默生[1]、尼采[2]和叔本华[3]的著作，对那些思想开放、愿意以容纳百川的心态来阅读的人而言，无异于打开了心理学宝藏的大门，就像某些关于生活艺术的作品——例如查尔斯·艾伦·斯马特的《野

---

[1] 拉尔夫·沃尔多·爱默生（Ralph Waldo Emerson，1803–1882），美国思想家、文学家、诗人，美国文化精神的代表人物，代表作品《论自然》。

[2] 弗里德里希·威廉·尼采（Friedrich Wilhelm Nietzsche，1844–1900），德国哲学家、文化批评家、诗人、文学家、音乐家、思想家，我们把他当作西方现代哲学的开创者。主要思想有"超人""上帝已死""阿波罗和酒神"等，主要著作有《权力意志》《悲剧的诞生》《不合时宜的考察》《查拉图斯特拉如是说》《希腊悲剧时代的哲学》等。

[3] 亚瑟·叔本华（Arthur Schopenhauer，1788–1860），德国哲学家，以作品《作为意志和表象的世界》闻名，其主要哲学思想有"哲学悲观""充足理性原则""刺猬困境"等。

雁的角逐》——所具有的效果一样。此外，莎士比亚[1]、巴尔扎克[2]、陀思妥耶夫斯基[3]、易卜生[4]等人的作品，都是我们汲取心理学知识永不枯竭的源泉。而且，还有很重要的一点是，通过观察周围的世界，我们也可以学到很多心理学知识。

在精神病学领域，精神分析的这些动机与潜意识因素有关。是一种有益的引导，尤其是这些知识并不仅仅作为口头建议，而是认真运用的时候。甚至，这些知识还是一件有效的工具，能够进行不定期的精神分析或发现某些因果关系。然而，如果我们要进行更加系统的精神分析，则必须对阻碍发展的潜意识因素有一个更为具体的了解。

在任何试图了解人格的努力中，找出其潜在的驱动力是绝对必要的。在试图了解一种失常的人格时，找出应该对此状态负责的驱动力也是绝对必要的。

在这一点上，我们的立论就更有争议了。弗洛伊德认为，环境因素和受压抑的本能冲动之间的矛盾是产生神经症的原因。

---

[1] 威廉·莎士比亚（William Shakespeare，1564-1616），英国剧作家、诗人、演员，被誉为最伟大的英语语言作家和最杰出的剧作家。代表作品《罗密欧与朱丽叶》《哈姆雷特》《李尔王》《麦克白》《奥赛罗》《威尼斯商人》《驯悍记》等。

[2] 奥诺雷·德·巴尔扎克（Honoré de Balzac，1799-1850），法国小说家、剧作家，欧洲现实主义文学创始人之一，代表作品《人间喜剧》《朱安党人》《驴皮记》等。

[3] 费奥多尔·米哈伊洛维奇·陀思妥耶夫斯基（1821-1881），俄国作家，代表作《罪与罚》《卡拉马佐夫兄弟》《白痴》等。

[4] 亨利克·易卜生（Henrik Ibsen，1828-1906），挪威剧作家、戏剧导演、诗人，现代主义戏剧创始人之一，代表作《埃斯特罗的英格夫人》《彼尔·金特》《玩偶之家》等。

阿德勒[1]则比弗洛伊德更崇尚理性，也更别具一格，他认为神经症是人们用来表明自己高人一等的方法和手段。比弗洛伊德更具有神秘色彩的荣格[2]则信奉集体潜意识幻想，根据荣格的观点，虽然这种集体潜意识幻想充满创作思维的可能性，但是它具有严重的破坏性，因为由它们所催生的潜意识斗争跟有意识心智的努力是完全相反的。我自己的答案是，种种潜意识努力居于神经症的中心位置，它们的发展是为了让病人能在畏惧、无助和孤独的时候也能应对生活，我把它们称为"神经症人格"。我的答案和弗洛伊德、荣格的一样，离最终答案还有很远的距离。但是，每一位走进未知领域的探险者，都会看到一些他期望发现之物的幻觉。不过，这些观点是否正确，他无法保证。然而，虽然存在幻觉，但是探索真理的过程总是必要的。这对于我们当前心理学知识的不确定性而言，也算是一种安慰。

那么，神经症人格倾向是什么？它们的起源、功能、特征，以及它们对我们生活有怎样的影响？我们应再次强调，神经症人格倾向的基本要素是潜意识。也许有人意识到了它们的影响，尽管在那种情况下，他可能只会将其视为自己的一些值得赞美的性格特征：例如，如果他对情感有一种神经症人格的需求，认为自己需求的是一种美好而忠诚的性格；或者，如果他是一个神经性的完美主义者，认为自己天生比别人有条理、更精确。甚至，他可能瞥见一些产生这种影响的潜意识，或在其引起自己注意的时

[1] 阿尔弗雷德·阿德勒（Alfred Adler，1870-1937），奥地利精神病学家、心理治疗师，认为自卑感在人格发展中发挥着重要作用，将自己的心理学理论称为"个人心理学"。

[2] 卡尔·古斯塔夫·荣格（Carl Gustav Jung，1875-1961），瑞士心理学家、自我分析家，创立了"分析心理学"。

候，认出了它们：例如，他可能意识到，自己有一种情感需求或追求完美的需求。但是，他永远也不会知道自己受这些潜意识的控制有多深、自己的生活在多大程度上受其决定，他更不可能知道的是，为什么它们会对自己拥有如此大的支配力。

神经症人格的突出特征在于它们的强迫性，这一特性主要表现在两个方面。第一个方面，它们对目标的选择是随意而不加区别的。如果某人有强迫性情感需求，那么他就必须得到它。不论是从朋友身上还是从敌人身上，不论是从雇主那里抑或是从擦鞋匠那里。一个人如果有强迫性追求完美的需求，他的判断力就会大打折扣。对他而言，把办公桌整理得井然有序，是可以跟准备一场完美的重要报告相提并论的。此外，神经症人格对目标的追求是完全忽视真实情况和实际利益的。例如，一名有神经症人格的女子，如果她依附于一名男子，就会把自己人生的全部责任都移交给这个男人，至于这名男子是否是一个可以依靠的人，自己跟他在一起是否真的幸福快乐，而自己又是不是喜欢他、尊敬他，所有这些对这个病人而言，都是完全可以置之度外的。然而，如果某人具有强迫性独立的需求，那么不管他的生活遭到多么严重的破坏，他都不会想要依附任何人或事；不管他多么需要帮助，他也绝不会要求或接受帮助。通常，缺少这种判断力的人是当局者迷旁观者清。然而，一般说来，只有这些独特的趋势给自己造成了麻烦，或与自己所认识的方式不同时，旁观者才会注意到它们。例如，他注意到强迫性的抗拒，却可能意识不到强迫性的顺从。

神经症人格的强迫性特征的第二个方面表现在焦虑反应，这种神经症人格是受到挫折而产生的。这一特征的意义相当重大，因为它显示出了神经症人格的特点。一个有强迫性追求的人，当他的追求没有效果时，不管是什么原因——内部的还是外部的，他都会觉得受到了致命的威胁。如果一个人有强迫性完美主义性格，不论他犯下了何种过错，都会感到惶惑不安。如果某人对无限自由有强迫性需求，只要他一想到任何一种束缚都会感到惊恐，不论那是一纸婚约，还是一份房屋租赁合同。这种恐惧反应有一个很好的实例，那就是巴尔扎克的《驴皮记》。有人让这部小说的主人公认为，只要他许下了一个愿望，他的寿命就会缩短，因此他总是焦虑不安，时时谨慎，避免做出这种事情。但是有一次，他一时疏忽，许下了一个愿望，尽管这个愿望本身无足轻重，他却因此而惶惶不可终日。这个例子对一个神经症病人的安全受到威胁时所感受到的恐惧进行了解释说明：如果他没有达到完美、完全独立，或任何神经症人格驱动需求所要求的标准，他就会觉得失去了所有。而要对神经症人格的强迫性负首要责任的，正是这种安全性。

如果我们关注一下这些趋势的起源，就能对它们所起的作用有一个更好的了解。这些趋势产生于生命早期，是在先天性格和外在环境的共同作用下发展起来的。在父母的威压之下，一个孩子会变得顺从还是叛逆，不仅取决于父母的压制，还取决于孩子本身的品质，例如他的活跃度如何，他的本性更趋向于温和还是冷酷。如果我们对环境的了解比我们对性格的了解更充分，而后者又是唯一一种多变的因素，我们将只对环境因素进行阐述。

不管生活在什么样的条件下，孩子都会受到周围环境的影响。重要的是，这种影响对孩子成长所发挥的作用是阻碍还是促进。而到底会起到什么作用，则很大程度上取决于孩子与父母或身边其他人——包括这个家庭里其他孩子——会建立起何种关系。如果家庭氛围温馨，家庭成员之间彼此尊重、相亲相爱，孩子就会顺利成长。

不幸的是，我们这个社会存在很多对孩子成长不利的环境和因素。有的父母可能怀着最美好的意愿，结果对孩子施加了太多压力，以至于让孩子缺乏主见。有的父母对孩子的爱是宠溺与威吓、专横与赞扬的结合。有的父母可能对孩子耳提面命：家门之外，危机四伏。有的父母可能强迫孩子跟自己站在同一战线，来抗拒别人。有的父母可能在与孩子的关系上拿不定主意，摇摆于快乐的朋友关系和绝对的独裁主义之间。尤为重要的是，孩子可能会因此而产生这样的认知：自己存在的意义只是为了实现父母的期望——符合父母对自己定下的目标而努力，提高父母的声誉，盲目崇拜父母；也就是说，孩子可能受到阻碍，意识不到自己是一个拥有自主权力和自我责任的个体。通常，上述影响都很狡猾、带有隐蔽性，因而，它们所产生的效果一般也不会减弱。此外，普遍地说，不利因素不会只有一个，而是数个相结合。

这种生活环境导致的后果是，孩子会缺乏应有的自尊，变得疑神疑鬼、忧心忡忡、孤僻离群、愤世嫉俗。起初，他对周围的这些因素感到无能为力，但渐渐地，凭借直觉和经验，找到了一些应对环境、保护自己的方法。在如何处理与他人的关系方面，他则发展出了一种谨慎的敏感性。

孩子所发展出的这些特定的应对技能，取决于他所在的整个环境群集。一个孩了意识到，通过坚定的抗拒和偶尔的大发脾气，他可以抵挡环境的干扰。因此，他拒绝别人进入自己的生活，就像独自居住在一个与世隔绝的孤岛上，在那里，他是主人，他对施加于自己身上的所有要求都感到不满，任何建议或期待在他看来，都是对自己隐私的危险侵犯。对另一个孩子而言，他唯一可以选择的道路是抹杀自己、消除自己的情感，盲目地服从，这样他只能抓住所有机会，竭力挤出一点可以自由支配的空间。这些空间可能是简单的、粗糙的，也可能是庄严的、雄伟的，它们的范围从封闭盥洗室里的手淫到自然领域、书籍、幻想等等不一而足。相比之下，第三个孩子不会压制自己的情感，他反而会以一种不顾所有的献身精神，紧紧依靠父母的强大力量。对父母的喜好厌恶、生活方式、人生哲学等，他都会不加选择地全盘接受。在这种意向下，他可能会受到伤害、感到痛苦。然而，与此同时，他也可能会产生一种向往独立的强烈渴望。

因此，这奠定了神经症人格倾向的基础，这些基础指的是一种被不利环境扭曲的生活方式。生活在这种环境里的孩子，为了存活下来，就必须让自己的忧虑、畏惧、孤独也发展起来。但是，这些有害因素无意中也带给孩子这种认知：他必须紧紧沿着已经制定好的路线前行，才能避免被任何对自己有威胁的危险打垮。

我认为，只要对童年里那些有重大意义的因素有了充分的详细的了解，人们就能理解，为什么孩子会发展出一套独有的特征。在这里，想要证明这一论断是不可能的，因为要这样做，就必须事无巨细地记录下很多孩子的成长史。不过，这种证明也没有必要。因为，每一个与孩子有充分相处经验的人，或参与过促进儿童早期发展的人，都可以用自己的经验对其进行检验。

这种初期发展一旦出现，就必然会进行下去吗？如果既定环境让孩子养成了百依百顺，或目中无人，或畏首畏尾的特征，那么他就必然会一直这样吗？答案是：尽管孩子不必非要保留自己的防御技能，但如果他舍弃了这些技能，则有可能遭遇严重危险。不过，如果能在早期从根本上改变环境，就可以完全根除这些技能，或能将其进行改进。甚至是经过了很长的一段时间，经历了很多偶发事件后，可能要好。例如遇到一名理解自己的老师、爱人、同事、朋友，找到了一份适合自己人格和能力的充满乐趣的工作，等等。这些都是很好的。但是，如果缺乏强有力的抗拒因素，发生危险的可能性还是相当大的。

想要了解这种持续状态，我们就必须充分认识到，这些倾向并不仅是一种纯粹的策略——用作有效地抵御难以相处的父母，而且，一般地，从内部发展出来的所有因素来看，它们还是孩子应对生活的唯一可行的方法。物竞天择适者生存，因此在遇到危险时候，野兔的条件反射是迅速逃跑。同样，在困难环境下成长起来的孩子，会发展出一套应对生活的独特态度，从根本上讲，这就是神经症人格。对于这些倾向，他也不能随心所欲地改变，而不可避免地要坚持下去。然而，这种拿野兔做类比的方法并不一定贴切，因为，野兔天性如此，并没有其他可以应对危险的方法。如果人类智力正常或身心健全，那么他们必须有别的方法应对危险。患有神经症人格倾向的孩子，必须坚持其特定的态度，这不受到自身本性的限制，而在于这一事实：他的畏惧、压抑、弱点、错误的目标、对于这个世界虚幻的信念等等，所有这一切，限制了他只能选择一些方法，而不得不将其他方法排除在外。也就是说，所有的这一切形成了他独特的性格和思维方式。

要阐明这一点，有一种方法是，对比一下，面对同样难以相处的人，孩子和成年人分别如何应对。我们必须记住，下面的比较只有解说性的价值，不能用来处理这两种情境中包含的所有因素。首先说孩子克莱尔——在此，我回忆起了一名真实的病人，稍后我将再对这个病人进行分析——这个病人有一位自以为是的母亲，这位母亲要求孩子赞美自己，并且只能对自己忠诚。而与之对比的成年人是名雇员，他的心理健康，有一位跟上面提及的母亲品性相似的老板。母亲和老板都极度自我崇拜、独断专行、偏私偏爱。如果他们没有受人尊重，或者受到了别人的批评，那么他们就会心生敌意。

在这样的工作环境里，如果这名雇员有迫不得已的原因，必须从事这份工作，那么他或多或少都会有意识地发展出一种技能来应对自己的老板。他可以克制自己，不要发表批评性的言论；他特别注意老板的所有优秀品质，并明确表达出欣赏；他提醒自己，不要赞美老板的对手；他赞同老板的所有规划，而抹杀自己的想法；即使老板采用了自己的方案，他也会闷不吭声。这种策略对他的人格会有什么样的影响呢？他对这种差别对待感到愤愤不平，他厌恶说谎。但是，因为他是一个有自尊心的人，所以他认为这种情境影响的是老板的声誉，而不是自己的。同样，他采取的行动并不会让自己成为一个表里不一、阿谀奉承的人。他的策略只是针对那位老板。如果换一个工作环境，他就会采取不同的策略。

对神经症人格的理解很大程度上取决于能否辨别出它们和这种特定策略的不同。否则，我们是无法正确估计它们的力度和广度的，就可能低估其能力，这种误判跟阿德勒的过度单纯化、合理化相似。这样一来，我们也可能对治疗所需的工作估计不足。

克莱尔的情况跟这位雇员相差无几，因为这个病人母亲的性格跟那位老板相似，但是，关于克莱尔还有很多方面值得详细探讨。克莱尔是一个多余的孩子，没人想要她。她父母的婚姻很不幸，母亲生下一个男孩后，便不想再要孩子，于是多次尝试人工流产，但没有成功，克莱尔就是在这种情况下诞生的。克莱尔并没有受到任何一般意义上的虐待或忽视：她接受教育的学校跟哥哥的一样好，收到的礼物和哥哥的一样多，和哥哥跟同一位老师学习音乐，在所有物质方面，她享受的待遇都和哥哥一样。但是在不那么切实有形的事情方面，克莱尔得到的就少于自己的哥哥：更少的温情，对其学习成绩没有那么关心，对其每天发生的无数琐碎小事也不放在心上，她生病了得不到同样的关心，对她的牵挂较少，并不乐意把她视为知心朋友，对她的相貌和才能不会给予那么多赞美。母亲和哥哥结成了一个联系紧密的共同体，尽管对一个孩子而言，这很难理解，但她却能感觉他们在排挤自己。对于这一情况，父亲给不了任何帮助。身为一名乡村医生，他大部分时间都不在家。克莱尔做过一些可怜的努力，试图接近父亲，但他对两个孩子都提不起兴趣。父亲的全部感情都化为一种毫无用处的赞美，投注到了母亲身上。最终，因为遭到母亲的公开鄙视，父亲在这个家毫无地位。而母亲的八面玲珑、魅力无限，则毋庸置疑让自己成了这个家的主宰。母亲对丈夫不加掩饰的敌意和蔑视，甚至公然诅咒丈夫，这并非人类的恶行，而是负面情绪失控所引发的惨剧。虽然克莱尔面临悲惨的境遇，但是这并没有削弱克莱尔生命意志。

这种情况导致的后果就是，克莱尔永远也得不到良好的机会来发展自信心。不公的待遇还没有多到能够激起持久抗拒的程度，但是克莱尔却已深受其害，变得不满、痛苦、充满抱怨。她始终认为自己是一个苦命的人，并因此而遭到了耻笑、戏弄。不管母亲还是哥哥都意识到了，克莱尔确实是受到了不公正的待遇。但是，他们却理所当然地认为，克莱尔的态度就是其丑陋性格的证明，她是罪有应得。而一向没有安全感的克莱尔，却轻易就接受了多数人对自己的评价，也开始认为这一切都是自己的错。母亲的美貌、聪慧令每个人赞叹，哥哥的性情开朗、理解力强，跟这两个人相比，克莱尔认为自己就是一只丑小鸭。尽管克莱尔认为自己并不讨人喜欢，但是她相信是金子总会发光的。

我们很快就看到，从本质上真实有据的受人指责，到本质上不真实的、没有根据的自我谴责，这种转变的影响极其深远。克莱尔的这种转变，不仅意味着她必须要接受多数人对自己的评价，还意味着她要压制对母亲的全部不满。如果一切都是她的错，那么她就失去了要忍受对母亲不满的理由。从这样压制愤怒到加入那些赞美母亲的人的行列，只有一步之遥。在进一步屈从于大多数人观点的过程中，母亲敌视所有对自己缺乏全心全意赞美的人的做法，强烈地刺激了克莱尔，让她从自己身上找出不足之处，比从母亲身上寻找缺点要安全得多。如果克莱尔也赞美母亲，那么她就再也不会感到孤独、不会受到排挤，非但如此，她甚至可以得到一些喜爱，或至少会被接受。对情感的渴望没有实现，但是，克莱尔却收到了一份难以判定价值的礼物。和所有喜欢听人恭维的人一样，母亲也会毫不吝啬地将赞美回馈给那些爱慕自己的人。这样一来，克莱尔不再是那个无人理会的丑小鸭，她成了一位好母亲的乖女儿。那颗惨遭蹂躏支离破碎的自信心，也为一种虚假的自豪感所取代。这种自豪感以外界的称赞为基础。

通过这种从真实抗拒到虚假赞美的转变，克莱尔彻底失去了自己那微弱的残存的自信心。概而言之，克莱尔忘记了自己。在赞美她实际上厌恶的人和事的时候，这个病人也背离了自己的真实情感。这个病人不再清楚，自己究竟喜欢什么，或渴望什么，或畏惧什么，或反感什么。这个病人失去了努力去爱的全部能力，甚至不再心存任何愿望。尽管表面上这个病人显得骄傲自满，但在内心深处，这个病人认为自己很讨人嫌的信念却进一步加深了。因此，如果克莱尔遇到了爱她的人，她不会按照表面意义来看待这份感情。相反，她会想尽办法将其舍弃。有时，她认为这个人眼中的自己并不是真正的自己；有时，克莱尔认为这种爱只是一种谢意——别人对克莱尔的帮助心存感激，而这种不信任，则极大地扰乱了她的每一种人际关系。另外，克莱尔缺乏批判性判断力，从此以后只是按照下面这条潜意识准则行事：赞美别人比批评别人更安全。这种态度束缚了克莱尔卓越的智力，也是她以为自己愚蠢的重要原因。

所有这些因素导致的后果是三种神经症人格逐渐形成、发展起来。其中一种是对自己欲望和要求的强迫性压制。这一定让克莱尔把自己置于次要地位，迫使她更多地为别人考虑而不是为自己，在发生歧义的时候，克莱尔也一定会认为别人正确而自己错误。但是，即使是在这个受限制的范围内，她也感到不安。除非有人可以让她依靠——这个人会保护克莱尔，让她免受伤害，会给她提出建议，支持她，认可她，会为她负责，给予她想要的任何东西。所有这些这个病人都需要，因为这个病人已经失去了把握自己人生的能力。因此，克莱尔想要找到一个"伙伴"——丈夫、伴侣、朋友等任何一个可以依靠的人——这种强迫性需求就发展起来了。克莱尔让自己服从于这个人，就像她当初对自己母亲所做的那样。与此同时，这个人可以通过对克莱尔全心全意的奉献，将她破碎的自尊复原如初。第二种神经症人格——超过别人并战胜别人的强迫性需求——同样也是以恢复自尊为目标。此外，还要消除伤害和羞耻累积起来的全部负面情绪。

让我们继续之前的对比，并对这其中想要说明的东西进行一下总结。雇员和孩子都找到了策略，用以应对各自所面临的情境；两者采用的技能是一样的：他们将自己置身于生活背景之中。因此，他们的反应看上去大体相似，但实际上，他们完全不同。雇员并没有失去自尊，没有放弃自己的批判性判断，没有压抑自己的不满。然而，孩子却丧失了自尊，不得不压制自己的负面情绪，摒弃自己的判断力，变得谦卑低下。简单地说，那位成年人仅仅是调整了自己的行为以适应环境，而孩子却改变了自己的人格。

神经症人格的顽固性、无孔不入的弥漫性，对精神治疗而言意义重大。病人经常会有这种想法：只要他们认识到自身的强迫性需求，就能将其清除。因此，如果支配他们的这些趋势持续存在，几乎看不出其强度有丝毫减轻，那么病人就会感到失望。不过，病人的这种想法并不完全是异想天开。精神病学家们认为：一些病人患上不严重的神经症以后，确实可以治愈。在《偶尔的自我分析》一章中，我们会引用一个实例来讨论这一点。但是，对所有那些更加复杂的神经症而言，这种观点就完全没有任何效果，这就像思考失业等公众论题会自行消失一样，纯属空想。在每一个实例中，不论社会的还是个人的，研究——如果可能的话——影响那些产生破坏性倾向，并导致其长期存留的力量，才是重要的。

我已经强调了神经症人格倾向的复杂性。综上所述，这一属性说明了神经症人格倾向具有强迫性的原因。但是，这些倾向在让病人产生满足感，或产生追求满足的期望方面所发挥的作用，却不应低估。尽管其迫切程度一直在变化，但这种情感或期望却永远都不会消失。在一些神经症人格倾向中，例如强迫性完美需求，或强迫性谦卑，防御方面占据主导地位。而在另一些神经症人格倾向中，通过奋斗实现成功而得到——或认为得到——的满足感，十分强烈，以至于这种奋斗能够将所有激情全部耗尽。例如，患有心理依赖需求的人，通常会强烈渴望与一人相处的幸福，甚至期望自己的人生能为其掌控。如果一种神经症人格倾向得到满足，或有望得到满足，那么这种倾向会更难治疗。

神经症人格倾向的分类方法有很多种，那些有强迫性与他人亲密需求倾向的，可以跟那些力求离群索居与他人保持距离的倾向相对照。那些有或这或那强迫性依赖倾向的可以归结到一起，跟那些追求独立的倾向做比较。那些有自大狂倾向的，可以跟那些自轻自贱、妄自菲薄的相映衬。强调个人独特性的倾向，可以跟那些以适应他人或抹杀个体自我为目标的倾向做对比。那些自我夸耀的倾向，可以跟有强迫性自我贬低的倾向对照。但是，因为各种类别之间会出现部分重叠，所以进行这样的分类并不能让神经症人格这幅画像更清晰。因此，我将只列举那些在目前较为突出的、作为可描述的实体的倾向。我很肯定，这份清单既不完整也不明确，还需要补充进去其他一些倾向，而一个本以为是有自主权的实体，也许只是另一个倾向的变体。详细描述各种倾向，阐述这其中的知识是很吸引人的，但是，那已经超出了本章的范围。它们中有一些，在以前出版的书中已经详尽描述过了，在这里，把它们列举出来，大致点明其主要特征也就足够了。

1. 对情感和认同的神经质需求（见《我们时代的神经症人格》，第六章"关于情感需求"）：

不加选择地取悦他人，并渴望得到他人认可和喜欢的需求；

潜意识地满足他人的期望；

重心放在他人身上，而非自身，将他人的意愿和主张视为唯一重要的事情；

畏惧自我主张；

畏惧他人的或自身内部的敌意。

2. 对掌控自己生活的"同伴"的神经质需求（见《精神分析的新方法》，第十五章"关于性受虐狂"；弗洛姆的《逃避自由》，第五章"关于独裁主义"；还有随后第八章引用的病例）：

"同伴"身上承载着病人的全部重心，他要实现病人对人生的所有期望，他要对病人的善、恶负责，他对病人所有事情的成功操作就是最主要的任务；

认为"爱"能解决所有问题，结果过高估计了"爱"的作用；

畏惧遭到抛弃；

畏惧孤身一人。

3. 将自己的生活限制在狭窄范围内的神经质需求：

强迫性地对生活要求很低，只需一星半点就能得到满足，限制自己对物质享受的渴望和追求；

强迫性地保持低调、不引人注目，并始终处于次要位置；

轻视自身当前的能力和潜力，以谦卑为最高价值；

厉行节约，克制消费；

畏惧提出任何要求；

畏惧产生或表达很大的愿望。

正如人们预料的那样，上述三种趋势因为都表现出了自甘软弱的必然性，并试图以此为基础来规划生活，所以它们经常同时出现。与那些神经症的依靠自己的力量或对自己负责的趋势相对照，它们刚好站在其对立面。然而，这三者并不相同，因为在另外两种不扮演重要角色的情况下，第三种趋势也会存在。

4. 对"权力"的神经质需求（见《我们时代的神经症人格》，第十章"对于权力、威望和占有的需求"）：

为了控制别人而控制别人；

献身于事业、职责、责任，并发挥了一定的作用，但其驱使力并非对事业的忠诚，而是满足自己的权力欲；

对别人缺乏基本的尊重，漠视其个性、尊严、情感，唯一关心的是对方是否处于附属地位；

根据对方所具有的破坏性因素的程度，区别对待；

不分青红皂白崇拜强者、蔑视弱者；

畏惧无法控制的局面；

畏惧孤立无援的状态。

4a. 想要借助理性和预见能力，来掌控自己和他人的神经质需求（第四种趋势的种类之一，针对那些太过拘谨，而无法直接、公开行使权力的人）：

认为智力和理性是万能的；

蔑视情感，否定情感的力量；

赋予预见和预言超乎寻常的价值；

在与预见能力有关的方面，具有高人一等的优越感；

蔑视所有在智力优越性方面徒有其表的人或事；

不敢正视理性力量的客观局限；

畏惧"愚蠢"和错误判断。

4b. 认可意志的神经质需求（用有些模棱两可的话说，这是第四种趋势中一个内向型的种类，发生在重度离群索居的人身上，对他们而言，直接行使权力就意味着与他人接触过多）：

对意志力的信仰是坚忍不拔情感的来源（就像拥有一个许愿戒指）；

任何意愿的落空，都会带来一种凄凉感；

因为惧怕"失败"而放弃或约束意愿，并舍弃兴趣的趋势；

害怕认识到纯粹意志的任何局限性。

5. 压榨他人，不择手段挫败他人的神经质需求：

对别人的评价主要取决于对方是否可以榨取、是否有利用价值；

聚焦于各种可榨取点——金钱（讨价还价成性）、构思、性欲、情感；

以拥有榨取技能为荣；

畏惧被榨取，因而也畏惧被人当成"傻瓜"。

6. 对社会认可或声望的神经质需求（也许可以跟权力欲相结合，也许不可以）：

万事万物——无生命的物体、财富、人、自身的品质、行为以及情感——都只能依据其声望价值来评价；

自我评价完全由公众的接受程度决定；

区别使用传统或抗拒的方法，以获取他人的羡慕或赞美；

不管是因为外部环境还是个人因素，都害怕失去社会地位（"耻辱"）。

7. 自我欣赏的神经质需求：

高估自己（自恋）；

因为想象的自我——而非因为在公众眼中所具有或展现出的自我——得到赞美的需求；

害怕失去他人的赞美（"丢脸"）。

8. 对个人成就的神经质追求：

通过自己的行为，而非自身在社会中的地位或自身素质，来战胜他人的需求；

认证自我评估的标准，立志成为最优秀的人——爱人、运动员、作家、工人——尤其是在自己心中。不过，得到别人的承认也是至关重要的，如果得不到别人的认可，他就会心生不满；

从来不缺各种混合的破坏性趋向（以击败他人为目标），只是强度不同而已；

尽管伴有弥漫性焦虑，仍坚持不懈地鞭策自己，以取得更大成就；

害怕失败（"羞辱"）。

趋势6、7、8的共同点是，它们或多或少都公开表现出一种无条件超越他人的竞争性动力。尽管这些趋势之间有重叠部分，也可能相互结合，但它们却都是独立存在的。例如，自我欣赏的需求可能伴随着对社会声望的无视。

9. 自给自足和独立自主的神经质需求：

绝不需要任何人，或绝不屈服于任何权势，或绝不受任何东西束缚，不接近任何有受奴役危险的东西；

距离是安全的唯一保证；

害怕有求于人、害怕人际关系、害怕与人亲密、害怕爱。

10. 对尽善尽美和无懈可击的神经质需求（见《精神分析的新方法》，第十三章"关于超我"；《逃避自由》，第五章"主动从众[1]"）：

坚持不懈追求完美；

对可能存在的瑕疵反复思考、不断自责；

因自认为完美，而认为高人一等；

害怕发现自己的缺点，或畏惧犯错；

---

[1] 主动从众（Automaton Conformity），由弗洛姆于《逃避自由》一书的第五章《三个精神逃避机制》中提出，指的是人类群体中存在的一种为求生存而强迫自己融入社会环境的状态，这种行为要求放弃自我、顺从所处社会的规则，以降低被团体孤立的寂寞感并让自身得以立足。

害怕受到批评或责备。

重新审视这些趋势，我们发现了一个引人注目的现象：这些趋势所隐含的抗拒和态度，就其本身而言，并无"异常"之处，或者并不缺乏人的价值。对我们大多数人而言，情感、自我控制、谦虚、为别人着想等等都是值得欣赏和追求的。而将自己人生的期望寄托在另一个人身上，至少对一名女子而言，是"正常的"，甚至可以说是有德行的。而这其中有一些倾向，我们还会毫不犹豫地给予高度评价。至于自给自足、独立自主以及理性判断等，则更是普遍被人们视为有价值的目标。

基于上述事实，我们就不可避免地要反复提出下面这些问题：为什么要把这些倾向称为神经症？它们到底存在什么问题？如果某些神经症倾向在一些人中占主导地位，甚至具有一定程度的心理定式，而截然不同的另一些倾向则决定了另一些人的行为，那么，对秉持不同价值体系、不同生活态度的人而言，这些种类繁多的追求，难道只是既有差别的表达吗？例如，一个心地温和的人会珍视情感，而一个心性强硬的人则看重独立自主和领导能力，这难道不是很自然吗？

提出这些问题，是很有帮助的。因为，将这些基本的人性中的正常现象和与之极为相似的神经症人格辨别清楚，不仅具有理论意义，而且具有显著的实践价值。这两类奋斗的目标相同，但它们的基础和用意却完全不同。这种不同几乎跟"+7"和"-7"之间的差距一样大：在两种情况中，都有一个数字7，这就跟我们都使用相同的语言、情感、理性、才艺一样，但是前缀却改变了其特点和价值。这种以表面相似性为基础的对比，早在对雇员和孩子克莱尔做比较时就已经触及了，但是，对正常人性和神经症人格之间的差异应该进行更广泛更深入的阐述。

　　只有在愿意为他人付出情感，并感到双方之间存在一些共同之处时，得到他人情感的意愿才是有意义的。因此，重点不仅在于自己感受到了友善，更在于具备为别人付出积极情感，并将其表达出来的能力。但是，神经质情感需求却缺乏这种互惠价值。因为，对神经症病人而言，其自身的情感已经少到了不能再少的程度，就好像他被一群怪异而危险的野兽重重包围住了，脑中一片空白。准确地说，他甚至并不真正需要别人的情感，他只是敏锐而紧张地关注着，提防自己受到攻击。隐含在相互理解、宽容、关心、同情中的非凡情感，在这样的关系中是找不到位置的。

　　同样，完善天赋和提升才能的奋斗，肯定值得我们全力以赴。如果我们所有人的这种奋斗意志都足够强大而且持久，那么我们居住的这个世界无疑也会更加美好。但是，神经症的完美需求——尽管它也可以用完全相同的词语表达——已经失去了这种重要价值，因为它表现出来的是一种不可改变的完美的或者看上去完美的企图。而且，它也不存在任何提升的可能性，因为对神经症病人而言，寻找自身内部需要改进之处的想法是令人恐惧的，所以需要竭力避免。他唯一真正关心的是，能否有一种可以驱逐所有缺点的办法，让自身免遭攻击，并且保持自己情感的高洁，以获得高人一等的优越感。正如神经症情感需求的状况，病人本身缺乏主动参与的精神，或者说病人的参与精神是有缺陷的。这种趋势是对一种虚幻现状的静态固守，而不是积极进取。

　　让我们来做最后一个对比：我们所有人都对意志力评价很高，如果把它用来为本身就很重要的事业服务，那它更是一种意义非凡的力量。但是，神经症人格却认为意志是虚幻的，因为它完全无视意志的种种局限，而这些局限能让意志最坚定的努力也落空。例如，再多的意志力，也不能把我们从星期天下午的交通堵塞中解救出来。此外，如果意志力的有效性是用来证明它自身，那么它的价值也就不存在了。对暂时性冲动的任何抗拒，都会让患有此种神经症人格的人做出盲目而疯狂的举动——不论他是否真的想实现这些目标。实际上，情况竟是完全颠倒的：不是病人掌握意志力，而是意志力支配了病人。

这些病例应足以说明，神经质的种种追求，不过是一种对人的价值——两者具有相似性的拙劣模仿而已。它们缺乏自由度、自发性，也没有价值。大多情况下，它们拥有的只是虚幻的元素。它们的价值仅仅是主观的，体现在这一事实：无论问题多么棘手，办法总比困难多。

我们还应该强调一点：神经症人格不仅缺乏它们所模仿的人的价值，甚至也不能代表病人的需要。例如，如果一名病人耗尽毕生心血追求社会声望或权力，他可能会认为自己确实想要实现这些目标。然而，实际上，正如我们所看到的，他只是在幻觉中泥足深陷。这就像病人认为自己正在驾驶飞机，然而事实是飞机是由遥控装置操作的。

还有一点需要大致了解：神经症人格是如何决定病人的性格，并影响其生活，以及这种决定和影响会达到何种程度。首先，这些追求会让病人认为，培养一些辅助的态度、情感和诸多类型的行为是有必要的。如果病人的神经症指向的是无条件的独立，那么他就想成为离群索居的隐士，提防任何干扰自己独居生活的事情，练就种种拒他人于一段距离之外的技巧。如果病人趋向于将生活压缩、克制种种欲望要求，那么他就显得谦卑、随和，且时刻准备着向任何比自己更有侵犯性的人屈服。

此外，神经症人格同样在很大程度上决定着病人的现有形象和应有形象。所有神经症病人在自我评价方面，都具有显著的易变性，在妄自尊大和妄自菲薄之间摇摆不定。当我们诊断出一种神经症人格倾向时，就有可能明白，为什么某些病人会察觉到别人对自己的一些评价，而把另一些评价压到潜意识里，为什么在没有明显可察的客观原因的情况下，他自觉不自觉地对自己的一些态度或品质感到非常自豪，而对另一些则予以鄙视。

例如，假设A建立起了一套保护性防御性机制，那么，他不仅会过高估计一般而言能够理性地完成任务，而且，对于自己的推理能力、判断能力、预言能力，他都会感到特别骄傲。因此，他认为自己高人一等的想法，主要来自这种信念：他认为自己具有卓越的智力。假设B发现自己无法独立，必须要依靠一个"伙伴"来充实、指导他的人生，那么，他必定不仅会高估爱的能力，而且还会高估自己的爱的能力。他错把自己依附他人的需求，当成是一种特别强大的爱的能力，而且会为这种虚幻的能力深感自豪。最后，假设C的神经症人格是依靠努力将所有情况都掌握在自己的手中，不惜任何代价实现自给自足，那么，他就会为自己拥有如此能力感到分外自豪，为自己能够独立自主、从不需要任何人而感到格外骄傲。

与它们的神经症人格倾向一样，病人对这些信念的坚持也具有强迫性，例如，A对自己卓越推理能力的信念，B对自己爱的天性的信念，C对完全依靠自身能力处理个人事务的能力的信念。但是，我有正当理由可以断言：由这些品质所生发出来的自豪感，都是敏感而脆弱的。因为，这种自豪感的基础完全不可靠，可以说，它建立在过于狭窄的基础上，又包含了太多的虚假因素。实际上，这种自豪感源于为神经症人格服务的强迫性品性，而非实际存在的品性。实际上，B爱的能力微乎其微，但是他对此种信仰却是必不可少的，若不如此，他就得承认自己追求的虚伪性。如果他对自己爱的天性心存哪怕微乎其微的怀疑，他就不得不承认，实际上，他不是要找一个人去爱，而是要找一个会一心一意爱自己、会把一生都献给自己的人，而且，他并不能回馈给对方很多。这就意味着，他的安全面临着一种致命的威胁，所以，任何针对此真相的批评都必定会激起他强烈的反应，一种既惧且恨——以其中一种为主——的反应。同样，任何针对其优秀判断能力的怀疑，都会引起A极端的恼怒。另一方面，C由于其自豪感源于自己的遗世独立、万事不求人，因此，任何隐含他不借助别人的帮助和建议就无法成功的暗示，都会让他感到异常恼怒。这种因自己所珍惜的形象受到冒犯而产生的焦虑和敌意，会进一步损害病人和他人的关系，并因此迫使病人更加坚定地固守自己的防护手段。

不仅病人的自我评价深受神经症人格倾向的影响，就连病人对他人的评价亦是如此。追求声望的人在评价他人时，唯一依据的就是对方享有的声望：对于声望高于自己的人，他就把对方看得比自己更重要。反之，他就看不起对方，至于对方所具有的真实价值如何，他毫不在意。具有强迫性服从倾向的人，会对在他看来有"力量"的人或事表现出盲目崇拜，即使这种力量不过是古怪的或无节操的行为。具有强迫性压榨他人倾向的人，可能会对甘受压榨的人产生好感，但同时也会鄙视对方；因为，他认为这种具有强迫性谦卑倾向的人，要么是愚蠢，要么是虚伪。而患有强迫性依赖倾向的人，则会对强迫性自给自足的人充满嫉妒，认为对方自由自在、无拘无束，尽管实际上后者只是患有另一种不同的神经症人格而已。

在此，还有最后一个重要问题需要讨论，那就是由神经症人格导致的抑制。一方面，这些抑制可能是限制性的，也就是说，它们只跟具体的行为、发现或情感有关，例如，性欲或打电话的欲望受到压制等。也有可能，它们是弥漫性的，会影响到生活的各个领域，例如，自我主张、自发行为、提出要求、与人接近等等。一般说来，具体的抑制处于意识层面。而弥漫的抑制尽管更加重要，却也更无迹可寻。如果它们变得非常强烈，病人可能会隐约意识到自己受到了抑制，然而却无法诊断出具体是哪方面受到了抑制。另一方面，这些抑制是如此隐秘而难以捉摸，病人甚至意识不到它们的存在及其所产生的效能。病人对抑制的认识可能会受到诸多因素的干扰，其中最常见的一种就是文饰作用：一个在交流方面受抑制的人，在社交聚会中，可能会意识到自己在这一方面受到了抑制，但也有可能，他单纯地将其归结为自己不喜欢聚会，认为聚会上的人令自己心烦，然后找出一堆正当的理由来拒绝此类邀请。

由神经症人格倾向引起的这些抑制，主要是弥漫性的。为了清楚说明受神经症人格倾向困扰的病人的处境，我们用走钢丝的演员来做一个比对。后者为了顺利抵达钢丝的另一端而不坠落，必须避免左顾右盼，并将注意力全部集中在钢丝上。在此，我们不谈论对左顾右盼的抑制，因为走钢丝的演员对其中存在的危险有着清楚的认识，所以他有意识地避开那种危险。一个患有神经症人格的人，想要避免偏离规定路线的那种急切、不安是相同的，但是，他的情况跟走钢丝演员有一个重要区别，那就是对他而言，这一过程是潜意识的：阻止他在为自己制定好的路线上摇摆的，是强烈的抑制。

因此，一个患有心理依赖伙伴倾向的人，会在独立自主方面受到抑制；一个患有神经症限制生活所需的人，会在萌生某些意愿的时候都受到抑制，更不用说坚持自己的主张了；一个患有神经症凭借理性掌控自己和他人倾向的人，会在感受任何强烈情感的方面受到抑制；一个患有神经症强迫性声望需求的人，会在当众跳舞或演讲方面，或任何可能危及他声望的行为方面受到抑制，而实际上，他可能已经丧失了所有的学习能力，因为对他而言，即使最初举步维艰，他也应该坚持到底。这些抑制尽管迥然有别，却都有一个共同的特性：在情感、思想以及行动等所有自发性行为方面，它们都表现出了一种阻碍作用。对我们而言，走钢丝不过是一件有计划的自发行为。而对一名神经症病人而言，如果某事超出了他的承受力，那么他会比一名失足坠落的走钢丝演员更恐惧。

因此，每一种神经症人格倾向生成的，不仅是一种特定的焦虑，更是特定类型的行为、特定的自我形象和他人形象、特定的自豪感、特定种类的弱点以及特定的抑制。

目前为止，我们都是在将问题简化的情况下进行探讨的。也就是说，我们的推论都是基于这一假设：任何人都只有一种神经症人格，或者是一个多种类似倾向的结合体。前面已经指出，把自己的人生委托给一名富有神经症人格倾向的伙伴，通常跟对情感的一般需求和把自己的生活需求压缩在狭窄范围内的倾向结合在一起；对权力的追求常常伴随着对声望的追求，以至于我们会把这两种倾向看作是同一倾向的两个方面；坚持绝对独立和自给自足，经常会与生活可以通过理性和预见把握的信念交织在一起。在这些例子中，多种倾向共存基本上不会让局面变复杂。虽然不同倾向有时可能发生冲突——例如，受到赞美的需求可能跟占据优势的需求相抵触——但是，它们的目标并不会相差太远。而当这些倾向相似时，通过压抑、回避等类似方法，冲突又会很容易就得到控制——尽管个体要付出很大的代价。

如果某人具有几种不同的神经症倾向，那么情况就会发生根本性变化。这时，该病人的处境就跟一名有两个主人的仆人的情况相似，两位主人给出了矛盾的指令，却都要求仆人无条件服从。而对该病人而言，共存于他身上的服从性趋势和绝对独立趋势都具有强迫性，因此，他就始终处在一种不可能得到彻底解决的冲突之中。他摸索前行，试图找到折中之法，但是冲突却不可避免；一种需求必定会不断干扰处于其对立面的另一种需求。而当一种支配他人的强迫性需求，以一种独断专行的方式与一种力求依赖他人的需求相结合；或者，一种压榨他人的需求，和要求他人赞美自己卓越的、保护性天赋的需求发生碰撞，而这两者又具有同样的强烈程度，那么，相同的绝境就再次出现。实际上，无论什么时候，只要存在相互矛盾的趋势共存的情况，这种局面就发生。

诸如恐惧障碍、忧郁、酗酒等神经症病症，基本上都是这些神经症人格之间的冲突导致的。我们越是彻底地认清这一事实，才越不会受到诱惑，想要直接解释这些症状。如果这些症状是冲突性趋势的结果，那么，在对其基础构造没有事先进行了解的情况下，就想弄清楚它们，这实际上就是白费力气。

现在，我们应该清楚了，"神经症"的本质是神经症人格的结构，这一结构的焦点就是神经症人格。而每一种神经症人格又是一种人格内部结构的核心，每一个这样的下层结构，又在很多方面与其他的下层结构相互关联。认识这种性格结构的性质和复杂度，不仅具有理论意义，而且具有突出的实践价值。甚至是精神病学家都易于低估现代人本性的复杂程度，更不用说外行了。

神经症人格倾向的结构或多或少都有些僵硬顽固，但由于它存在的诸多缺陷——虚伪、自欺、错觉，使得它也具有不确定性和脆弱性。显而易见，神经症人格倾向结构无法发挥作用的点——这些点的性质因人而异——不可胜数。病人自己深刻意识到，一个东西从根本上出了问题，然而他并不知道究竟是哪里不对。他也许会精力充沛地认为，自己一切都好，只是有点头痛，或有点暴饮暴食，但实际上，他已经流露出自己并不好的情绪。

他不仅对问题的根源一无所知，而且还十分乐意继续保持这种不知情，原因正如前面所强调过的，病人的神经症人格倾向对其本人具有明确的主观价值。在这种情况下，病人有两条路可以选择，其一，他可以不顾自己神经症人格倾向的主观价值，对其生成缺点所具有的性质和原因进行审查；其二，他可以否认有东西出了问题或需要改变。

在分析中，这两条路都会采用，只不过在不同的时期，占据主导地位的是哪一条路并不确定。神经症人格倾向对病人而言越是必不可少，它们的实际价值就越值得怀疑，而病人却会更加激烈而固执地捍卫这些倾向，为它们辩护。这种情况跟一个组织为自己的行为辩护、保卫自己行为的合理性需求相差无几。组织的行为越是有争议，它就越不能容忍批评，反而更要坚持自己的主张。这些自我辩护构成了我所说的二级防御，它们的目的不仅是为一个存在问题的因素辩护，还要保卫病人对整个神经症结构的主张。它们就像分布在神经症周围的雷区，为其安全保驾护航。尽管它们的细节看似不同，却拥有共同的特性。从本质上说，存在的就是合理的。

自我辩护所蕴含的意向倾向于泛化，以便不露出任何破绽，这与二级防御的综合功能是一致的。例如，一个用伪善的盔甲把自己武装起来的人，不仅会为自己神经症人格的内驱力辩护，将其视为正常的、合理的、理由正当的，而且，也不会承认自己的所作所为——尽管可能毫无价值——是错误的、可疑的。二级防御非常隐蔽，只有在进行自我分析阶段，才有可能为人所发觉，它们也可能构成可观察到的人格图画的一个显著特征。例如，人们很容易察觉神经症病人不正常的行为。二级防御并非一定要表现为一种性格特征，也可能表现为道德的或科学的信念。因此，过分强调本质因素往往体现了一个人的信念：她认为自己的"本性"一贯如此，所以一切都不可改变。此外，这些防御的强度和硬度的变化也是相当多的。例如，在克莱尔这个病例中——我们对这个病人的自我分析将贯穿本书——防御几乎没有发挥任何作用。而在其他病例中，防御功能十分强大，以至于精神分析师的任何努力都只是徒劳。一个人维持现状的决心越坚定，她的防御也就越顽固。但是，虽然在透明度、强度和表现形式方面富于变化，相比于神经症人格结构自身各种各样的细微差别和变化，二级防御表现出来的只是"正当""合理""不可改变"等主题——以不同方式结合——的单调重复。

现在，我想回到我在本章开头提出的主张，即神经症人格是阻碍病人的根源。当然，我的这种观点并不意味着，病人感受最大的障碍就是神经症人格。正如前面提到过的，病人通常意识不到，这些神经症障碍就是他生活的驱使力。我的主张也不意味着，所有精神问题的最终根源就是神经症人格的分裂：这些趋势本身是以前种种困扰——人际关系中产生的种种冲突——的产物。更确切地说，我认为神经症病人患病的根本原因在于：在现实生活中，他们无法协调各种角色之间的矛盾。这些神经症人格倾向为人生最初的诸多不幸事件提供了一条出路，并向病人做出这样的允诺：尽管对自身与他人的关系已陷入混乱，但生活还是可以继续下去的。但是，它们还生成了种类繁多的新的困扰：对于世界以及自身的种种幻想、诸多脆弱点、诸多抑制、诸多冲突。它们既是人生初期种种困难的解决方法，也是以后种种障碍的产生根源。

第三章

精神分析的认识阶段

掌握了有关神经症人格及其含义方面的知识，我们对精神分析需要解决的问题，也有了一个粗略的概念。但是，对于必须要从事工作的阶段，还是有必要弄清楚的。我们要用一种杂乱无章的方式处理问题呢？还是，我们要从这里或那里一点儿一点儿地获得些零碎的自我认知，直到最终收集齐全所有的碎片，拼成一副可以理解的图画？又或者，是否存在一些行为准则，可以指导我们走出材料的迷宫——这迷宫是材料自主形成的？

对这个问题，弗洛伊德给出的答案看上去相当简单。弗洛伊德认为，病人在分析过程中，首先呈现的形象跟他在日常生活中最重要的一面相同，接着，他那些遭到压抑的追求，会按照受抑制程度从弱到强的顺序逐渐显露出来。如果我们鸟瞰整个分析过程，这个答案仍然没有问题。而且，如果考察分析得出的结果是一条直线，而我们又必须沿着这条线蜿蜒前行、继续深入，那么，即使是作为行动指南，弗洛伊德提供的这一总原则也是足够优秀的。但是，如果我们假设情况果真如此，假设只要继续分析显露出来的任何材料，我们就能一步一步深入到那个受抑制的区域，那么，我们很容易就会发现自己陷入了一种混乱的状态——这种状态确实很常见。

上一章阐述的神经症理论，为我们提供了更明确的线索，让我们有理由认为，神经症人格是由神经症人格倾向以及神经症人格倾向的结构造成的——该结构是围绕每一个神经症人格建立起来的，而神经症人格又存在数个中心点。简单地说，因此推导出来的治疗阶段是：我们必须尊重每一个神经症人格，而且宽容相待。更具体地说，每一种神经症人格的种种含义，都受到了不同程度的抑制。那些受抑制较浅的含义，较早为我们所提及，而那些受抑制较深的含义，则暴露得较晚。关于自我分析更全面的病例会呈现在第八章，届时我们再详细说明这一点。

同一原则也适用于解决诸多神经症人格之间的顺序问题。以三名病人为例，第一名病人首先表现出来的，是他对无条件独立自主和高人一等的需求，只有在经过很长一段时间之后，我们才会理解她的顺从需求或情感需求的迹象，才可能着手处理。第二名病人将从公开展现自己渴望爱和赞美的需求开始，如果他有控制别人的倾向。那么他最初就会表现出神经症人格倾向。而第三名病人则从最初就显示出了一种高度发展的驱力。首先出现的趋势，并不意味着它相对重要或不重要，一开始就显露出来的神经症人格不一定就是最强烈的，也不一定就是对人格影响最大的。确切地说，最符合病人意识或半意识的自我形象的，才是首先具体化、明朗化的趋势。如果种种二级防御——自我辩解的手段——高度发展，那么，它们可能在一开始就完全控制了整个局势。在这种情况下，只有经过一段时间之后，神经症人格才能明显可见、才能为我们所触及。

我想用病人克莱尔——在上一章，我们已经对这个病人儿童时代的经历进行了简略地概述——的病例，来说明精神分析的认识阶段。既然我们的目标已经确定，那么自然就要对整个精神分析的过程，进行大刀阔斧的简化和系统化整理。我不仅必须省略诸多细节以及衍生问题，还必须要忽略掉分析工作期间遭遇的所有困难。而且，总而言之，我还要让各个阶段看起来比它们的实际情形更清晰、轮廓更鲜明：例如，在报告中属于第一阶段的因素，在当时，实际上仅仅隐约显现，只是随着分析的推进才渐渐清晰起来。然而，我认为，从本质上说，这些不精确之处不会减损报告所呈现的原则是正确的。

三十岁时，克莱尔才因种种原因来寻求精神分析。她说自己很容易就为一种疲劳所击倒，进而发现全身乏力，这让她的工作和社会生活都受到了干扰。同时，她还抱怨说自己的自信心少得可怜。克莱尔是一家杂志的编辑，尽管她的职业生涯和目前的职位都很令人满意，但她想要进行剧本创作和故事创作的渴望，总是受到无法克服的抑制的压制。她可以从事日常工作，却无法进行创作思维的工作，尽管这个病人趋向于用自己能力不足来为后者的不利找理由，但实际情况并非如此。二十三岁的时候，克莱尔结过一次婚，仅仅过了三年，丈夫就去世了。那次婚姻之后，克莱尔又结交了另一名男子，这段关系在精神分析阶段仍在继续。根据她一开始的陈述，这两段关系无论在性生活方面还是其他方面，都很美满。

克莱尔的精神分析很长，达四年半之久。她先是接受了一年半的专业精神分析，之后的两年，她停止了专业治疗，转而进行了大量的精神分析，随后的一年，她又接受了不定期的专业治疗。

克莱尔的精神分析大体可以分为三个阶段：阶段一，发现其强迫性谦卑；阶段二，发现其对伙伴的强迫性依赖；阶段三，发现其另一种强迫性需求，即这个病人对迫使他人承认自己高人一等的强迫性需求。这些趋势，无论对她自己还是对别人而言，都不是清晰可见的。

我把在第一阶段中能让人联想到强迫性因素的材料列举如下：首先，克莱尔往往极度轻视自我价值和能力。她不仅不认可自身的优点和长处，而且固执地否认自己具有这些优点，她坚持认为自己缺乏才智、没有魅力或天赋，趋向于舍弃自己拥有这些资质的证据。其次，她认为别人比自己优秀。如果遇到意见不合的情况，克莱尔不自觉地就认为别人是正确的。她回忆道，在她发现自己的丈夫和别的女人发生了婚外情的时候，她没有做出任何事情来表示抗议，尽管这段经历带给她极大的痛苦；相反，她想办法为丈夫辩护：那名女子更有吸引力、更可爱，所以丈夫才会更喜欢那个人。此外，想要让克莱尔为自己花钱几乎是不可能的。当和别人结伴旅行时，即使要自己支付费用，她也愿意入住昂贵的酒店，但是，只要是自己一个人，她就不会把钱花在旅行、服装、娱乐、书籍等方面。最后，她尽管身居管理岗位，却几乎无法发布命令。如果不得不下达命令，她就用一种表达歉意的方式提出。

根据以上材料，我们可以得出这样的结论：克莱尔已经发展出了一种强迫性谦卑，她认为把生活限制在狭窄的范围内是理所当然的，她习惯于始终退居次要位置。只有在这种趋势为我们所察觉，而它那可追溯到童年的根源也为我们所发现的时候，我们才可以有系统地开始探索它的临床表现和结果。那么，这一倾向在克莱尔的生活中，到底扮演了什么角色？

在任何情况下，克莱尔都不能坚持自己的主张。进行讨论的时候，她轻易就为他人的观点所影响。尽管她很擅长评判别人，却无法对任何人或事采取批判性的态度，除非是编辑工作需要。例如，她曾因为没有意识到一位同事暗中使坏、损害她的地位，而陷入了极其困难的境地；在其他人都清楚地看穿了这一情况的时候，她还把那位同事当朋友看待。这个病人那甘居次要地位的强迫性在体育比赛中表现得尤为明显。例如，打网球的时候，她常常会受到太大的抑制而打得很差劲。有时，她也会打得很好，而这时，一旦意识到自己可能会赢，她就开始打得糟糕起来。她认为别人的意愿比自己的重要得多，因此，她满足于把假期安排在别人最不需要自己的时候，如果别人对工作量不满，她很乐意承担起比所需工作更多的任务。

最重要的是，她常常压抑自己的情感和意愿。她对有关扩张性计划的抑制——她视之为特别的"现实主义"——表明她从未要求过无法得到的东西。实际上，她的不讲究"现实主义"，跟一个对生活期望过高的人是一样的，只不过，她把自己的意愿降到了可实现的程度之下。在社交、经济、职业、精神等生活的各个方面，她都不切实际地处于应有水平的下方。而正如她以后的生活所显示的那样，这些对她而言，都是可以实现的：这个病人有能力得到很多人的喜欢，有能力让自己魅力十足，有能力创作出有价值、有独创性的东西。

这种倾向影响的后果是：克莱尔的自信心不断减弱，对生活也产生了弥漫性的不满。对于后者，克莱尔毫无察觉，而且对她而言，只要一切"足够好"，她就察觉不到任何问题，此外，她也无法清晰地意识到自己怀有一些意愿，也察觉不到这些没有实现的意愿。克莱尔应对生活中这种弥漫性不满唯一的发泄口在琐碎小事上，她不时就突然哭泣叫喊，只是她本人完全无法理解自己的这种行为。

在很长的一段时间里，克莱尔只是零碎地意识到这些现象所隐含的真相；对于那些重要的问题，她则保持沉默，要么认为我高估了她的能力，要么认为我把鼓励她当成了一种有效的治疗方法。然而，最后，通过一种十分戏剧性的方式，她终于意识到了自己谦卑的外表之下，潜藏着真实而强烈的焦虑。事情的转机发生在她准备向杂志社提出改进建议的时候。克莱尔知道自己的方案很优秀，不会遇到太多的抗拒意见，最终会得到每个人的赏识。但是，在提出方案前夕，她却陷入了一种完全无法解释的强烈的恐慌中。讨论已经开始了，她仍觉得惶惶不安，甚至因为突然腹泻而不得不暂时离开会议室。但是，随着讨论对她越来越有利，恐慌也逐渐减弱、消退。方案最终被采纳，克莱尔也得到了广泛的认可，她才觉得心安。当克莱尔解开自己的心结后，她开始变得豁达淳朴。

我对这个病人说，这是颇为可取的，她的心中具有坚定的信念。当然，克莱尔为自己能得到他人的认可而高兴，但这种认可又潜藏着巨大的危险。此后，足足经过两年多的时间，克莱尔才可以着手处理这段经历中所涉及的其他因素，类似于抱负、畏惧失败、成功等因素。那时，她的全部情感——正如她的自由联想所表达的那样——都集中在了强迫性谦卑这个问题上。她认为，提出一项新方案供大家讨论，这是自以为是。她告诫自己：你要接受并记住真实的自己！但是，渐渐地，这个病人认为这种态度是基于如下事实：对她而言，提出一种不同的方案，就意味着要冒险走出那段狭窄的人为的界限，而这一界限是她一直以来小心翼翼守护着的。只有在她看到这一观察所得的真实情况之后，她才会真的以为，自己的谦卑只是为了安全起见而维持的一种假象。自我分析的第一阶段工作的成果是认知自我，她有勇气发现并坚守自己的意愿和主张。

在精神分析的第二个治疗阶段，有一个主要问题，这个问题就是摆脱克莱尔对"同伴"的心理依赖。这其中涉及的大多数问题，都是克莱尔独立解决的，关于这一点我们稍后再详细叙述。克莱尔的这种依赖性尽管具有压倒一切的力量，但它受到的抑制却比之前的倾向更严重。克莱尔从未想过他们的关系存在问题。相反，她认为自己的两性关系特别融洽。只是，解铃还须系铃人。

我们可以从三个方面找到这种强迫性依赖的暗示。首先是当一段关系结束，或跟一个对这个病人来说很重要的人暂时分开时，克莱尔就感到极度彷徨迷茫，就像一个在森林中迷路的小孩。她第一次经历这种情况是在二十岁离开家的时候。那时，克莱尔以为自己就像一片在空中飘浮的羽毛，在天地间飘荡无依，她竭尽全力地给母亲写信，认为如果没有母亲，自己就活不下去。直到她参加工作、结婚，步入日常生活，她的疾病才痊愈。她喜欢上了一位成功的作家，那个人关心克莱尔的工作，还帮助过她。当然，考虑到她青年时期的个人经历，克莱尔在首次经历这种独处时，产生的怅然若失的感觉，是可以理解的。从本质上说，后来她在再次独处时的种种反应也都与第一次相同，这就跟克莱尔在事业上非凡的成就形成了一种鲜明的对照。因为她取得成就的时候，也遇到了前面提到的种种困难。

其次，是在这些关系中，克莱尔关心的只有自己依赖的人。此外，周围世界的一切她都视若无睹。

克莱尔的全部思想和情感都围着他的来电、来信或来访打转。没有他在身边，她就空虚无聊，一心只期盼着他的到来，在此期间，她反复琢磨他对自己的态度，而且最重要的是，对于两个人之间发生的小摩擦，她感到痛苦万分，发现自己完全被忽略了，或受到了羞辱性的拒绝。这时，对她而言，其他的人际关系、工作以及其他的兴趣爱好，就全部失去了意义。

第三是她对某位男性的幻想。克莱尔认为自己的意志完全受其控制，而反过来，这位男性也会给予她想要的一切。不仅有丰富的物质财富，而且有足够的精神需求。甚至这个男人还帮助她成为一名一流作家。

随着这些方面的含义逐渐为我们所认识，依赖"伙伴"的强迫性需求显露出来了，它的特性和后果也清晰了。这种需求的主要特征是一种彻底受抑制的寄生心态，一种依赖伙伴的潜意识意愿，认为伙伴能满足自己的生活所需，为自己负责，解决自己遇到的所有困难，并且能让自己不需付出努力就能成为一个了不起的人。这种倾向不仅会让他人疏远她，而且还会让克莱尔的伙伴也疏远她。因为，如果她对伙伴的期望持续得不到满足——这几乎是必然的——她就会感到失望。这种失望累积起来就在心底发展成一种很深的恼怒，这些恼怒的大部分都因为畏惧失去伙伴而压制了下来，但是有一些也会在偶尔的情绪爆发中显露出来。如此一来，她的期望就成了一把双刃剑，一方面令自己失望，另一方面伤害了伙伴。对伙伴的强迫性需求的另一个后果是，任何事情如果无法与自己的伙伴共享，她就感受不到丝毫乐趣。而这种倾向影响最深远的后果在于，克莱尔对伙伴的心理依赖只会让她感到更不安，让她更加被动，而且会导致自卑的产生。

这一倾向与前一种倾向的相互关系是双重的。一方面，克莱尔的强迫性需求是导致她对伙伴需求的原因之一。由于她无法依靠自身力量实现自己的意愿，所以不得不求助于他人；由于她不知如何保护自己，所以需要寻求他人的庇护；因为她看不到自我价值，所以需要得到他人的肯定。另一方面，克莱尔的强迫性谦卑和对伙伴的高度期待之间存在意识冲突。它使得她在每次期望落空、感到失望的时候，都不得不曲解这一情况。在这些情境中，她认为自己是遭受了极度严酷虐待的受害者，因此感觉无比痛苦且充满仇恨。因为害怕遭到抛弃，所以这些敌意大部分都为她所压制，但它们却是一直存在的，并且在暗中蚕食着她和伙伴的关系，最终把她的期望变成了报复性的要求。因此导致的心烦意乱，跟她的疲乏感以及创作思维工作受到抑制有很大关系，这一点已经得到了证实。

　　这个阶段分析工作的成果是，克莱尔克服了自己的内心深处的无助，能够进行较大的自主性活动。她的疲乏感不再是持续性的，只是偶尔才会出现。尽管仍然必须面对种种强大的阻碍，但她已经能够从事创作。尽管远非出于自发性，但她跟周围人的关系变得更加融洽。尽管实际上她仍感觉十分自卑，但她给人留下的印象却是高傲骄矜的。有一个梦体现了克莱尔身上的这种全面改变，在梦中，她和朋友在一个异国开车兜风，她突然产生了一个念头：自己也要申请驾照。实际上，克莱尔不但有驾照，而且驾驶技术和她朋友的一样好。这个梦代表克莱尔渴望像正常人一样生活，她意识到无论自己是否享有正常人的权利，她都可以为社会做贡献。

　　自我分析的第三个阶段，也就是最后一个阶段，需要解决的问题是受压抑的雄心壮志。克莱尔的人生中曾有过一段时期，被自己激昂的抱负困扰得心神不安。这种困扰从她初级中学的后期一直延续到大学二年级，而这之后，似乎就消失了。我们只能推测，它仍在潜意识里发挥作用。以下事实可以提供佐证：任何褒奖都能让她兴奋不已，任何失败都会让她心生畏惧，独立尝试任何工作都会让她焦虑不安。

　　其实，这一倾向比另外两种更加复杂。跟前两种倾向相反，这种倾向试图主动掌控人生、积极抗拒负面力量。下面这个事实是该倾向持续存在的一个理由：克莱尔发现自己的雄心里包含着一种积极力量，屡次祈愿觉得能够重新找回这种力量。克莱尔培养该雄心的另一个理由，在于重建自己失去的自尊的必要性。而第三个理由则是出于报复心：成功意味着打败所有那些曾经羞辱过自己的人，而失败则意味着丢脸出丑、名誉扫地。想要理解这种雄心的特性，我们必须追根溯源，从克莱尔的经历中将它发生过的种种变化——找出。

这一倾向所包含的意志，在克莱尔年幼的时期就显露出来了。实际上，它比另外两种倾向发生得都要早。在这一分析阶段，克莱尔想起了童年时期的恶作剧，那些敌视、反叛、好斗的根源。正如我们所知，在争取对自己有利境遇的斗争中，因为双方强弱相差悬殊，克莱尔失败了。接着，克莱尔经历了一系列不愉快的遭遇，在十一岁那年，她的这种意志以力争最优成绩的形式再次苏醒。然而，现在，这种精神却为受抑制的敌意所充斥，它全神贯注于那堆积如山的恨意，那些因为自己受到不公平的待遇以及自尊受到踩蹒而引起的恨意。至此，克莱尔的这种意志已经具备了上面提到的三种理由中的两个：通过取得成功，她可以重新找回已经失去的自信；通过击败他人，她可以为自己所受的伤害复仇。不过，克莱尔在初级中学的这种雄心，尽管也含有种种强迫性以及破坏性要素，但跟后来的种种发展相比，却是实事求是的，因为它是凭借自身的努力、凭借真实的成绩来超越别人的。在高中期间，克莱尔仍然凭借着优异的成绩，毫无疑问地占据榜首。但是进入大学以后，克莱尔遇到了更强大的竞争者，在这种情况下，如果想要继续保持领先，她就必须付出更多的努力。但是，与此相反，克莱尔出人意料地完全放弃了自己的雄心。为什么克莱尔不愿意鼓起勇气作出努力，我认为主要有三种原因：其一，因为她的强迫性谦卑，她不得不持续地跟那种对自己才智的顽固怀疑做斗争。其二，因为判断力受到压抑，克莱尔自如运用自己才智的能力，受到了实际性的损伤。最后，因为超越他人的强迫性需求十分强大，克莱尔无法承受失败的风险。

然而，克莱尔虽然放弃了明显的雄心，但她战胜他人的欲望却并没有减弱，为此，她必须找到一种折中之法。新找到的方法跟以前的雄心壮志相反，并改变了克莱尔的性格。总之，克莱尔想不付出任何努力就战胜他人。她试图通过三种方法实现这一不可能的壮举，而这三种方法都是完全不受意识控制的。一种方法是，克莱尔将自己在生活中得到的任何一种好运都视为对他人的一次胜利。这个范围可以从有意识地选择一个好天气去远足，延伸到潜意识得知一个"敌人"生病或死亡。相反，坏运气在克莱尔眼中也不单纯是运气不佳，而是成了一种不光彩的挫败。克莱尔的这种态度意味着她对不可控因素的依赖，因而会进一步增强她对生活的畏惧。第二种方法是，将对胜利的需求转变为爱情关系。克莱尔认为，拥有一位丈夫或情人就是胜利，而单身则是一种可耻的失败。第三种无须努力就能成功的方法是，克莱尔要求别人把自己塑造成为了不起的人物，并且不需要她付出任何努力。这一点也许可以通过给予她机会，让她分享对方所取得的成功来实现。克莱尔把希望寄托在伙伴的肩上，而忽视了自身的努力。因此她的人际关系变得非常微妙。同时，也加强了她对伙伴的需求。

如果克莱尔认为自己对生活、工作、他人以及本身的态度都受到这一倾向的影响，她就能够着手解决，将克服这一倾向导致的阻碍。这一阶段分析的显著成果是，克莱尔对工作的抑制减弱了。

接下来，我们要明白这一倾向和另两种倾向的相互关系。一方面，它们之间存在不可调和的矛盾，另一方面，它们之间也互相强化，因此，克莱尔的神经症人格倾向结构非常复杂难解。矛盾既存在于强迫性地表现出谦卑态度和强迫性战胜他人之间，也存在于出人头地的欲望和寄生式的依赖之间，这两类驱使力必然会发生冲突，其结果要么引起焦虑，要么令双方都无法发挥作用。而后一种影响，正是克莱尔发现疲乏以及工作受到抑制最深层的根源之一。然而，这些倾向相互强化的方式也同样重要。保持谦虚、将自己置于卑下的位置至关重要，因为这同样也是成功需求的一种掩饰。伙伴——正如我们所提到的那样——更是至关重要，因为他还要以一种迂回的方式，满足克莱尔对胜利的需求。此外，克莱尔因为情感和心理能力受到压抑、因为对伙伴的依赖而产生的耻辱的感觉，会持续唤起新的恶毒情感，因而也会让获得成功的需求一直存在并不断增强。

在这种情况下，分析工作的重点就在于，一步一步消解正在运作的恶性循环。克莱尔的强迫性谦卑已经为某种程度的自我主张所替代，这一事实对我们的分析工作帮助很大，因为，这一进展还潜意识地减少了对成功的需求。同样，部分解决了心理依赖，让克莱尔的心性更加坚定，也消除了诸多耻辱感，使其对成功的需求也没有那么强烈了。因此，最终，在克莱尔开始着手解决自己的仇恨情绪——这让她受到了极大冲击——时，她就可以用增强了的潜意识，来应对已经不那么严重的问题。如果在一开始就处理这个问题，很可能是行不通的，原因有两个：首先，那时候，我们对这个问题尚不了解，其次，克莱尔那时的心理能力还没有强大到能够承受此问题的程度。

最后这个阶段让克莱尔突破自己。在一个更加稳固的基础上，克莱尔回归自我。而且，现在，她没有严重的强迫性和破坏性倾向，它强调的重点，从对成功的关注转移到了对主旨的关注。克莱尔的人际关系在第二阶段之后就已经得到了改善，现在，那种由虚伪的谦逊和自我防御性的傲慢混合作用而产生的紧张，也消失了。

前面已经提过，为了更好地解读自我分析的各阶段，我们对分析过程进行了简化，并在所有适当保留的基础上，对克莱尔的治疗进行了汇报。依据我的经验，这份报告阐明了一例自我分析的典型过程，或者，更慎重地说，是一例自我分析的理想过程。克莱尔的分析疗程可以分为三个阶段，这一情况只是偶然的；其他病例也可能分成了两个阶段或五个阶段。不过，克莱尔的分析阶段都经历了三个阶段，这一点却是与众不同的。这三步为：一、了解神经症人格倾向；二、探索其起因、临床症状以及神经症病人的行为；三、探索它和人格的其他方面的相互关系，尤其是和其他神经症人格的关系。克莱尔的分析中涉及的每一种神经症人格都必须经历这三步。每完成一个阶段，神经症结构的一部分就变得清晰，如此坚持，直到最后，整个神经症结构才会变得完全透明。这三个阶段不必完全遵循上述顺序进行，更精确地说，在一种倾向为我们所诊断出来之前，对它的临床表现进行一些了解，是很有必要的。关于这一点，在克莱尔的自我分析中已经进行了详细的阐述，我们将在第八章再进行说明。克莱尔在意识到自己有依赖性这一事实，意识到存在强大的推动力将自己逼入一种依赖关系中之前，已经诊断出了自己身上许多重要的心理依赖的暗示。

上述每个阶段都有其独特的治疗价值。首要阶段，即诊断出一种神经症人格倾向，意味着理解神经症人格倾向的驱使力。而这种识别本身也具有一定的心理治疗价值。以前，在诸多隐性因素的支配下，病人会觉得有心无力。而现在，即使只诊断出其中的一种，就不仅意味着自我认知方面的综合获益，而且消除了一些令人不知所措的无助感。基于某种明确困扰的了解，我们认为，面对这些困扰我们并非束手无策，而是有机会对此做些什么。我们可以用一个简单的例子来言明。一位农民想种果树，但他的果树长势堪忧，他精心照料，用尽了自己知道的所有方法来挽救，却还是无济于事。一段时间之后，他便心灰意冷了。最终，他却发现这些树得了一种特殊的病，或土壤里缺少一种特殊的元素。一旦知道了真正的原因，即使此刻这些果树还没有任何改善，他对此事的态度以及他对此的心情，却立刻就改变了。然而，一个良好的外在环境可以帮助神经症病人重塑人格。也就是说，这可以让他有更明确的目标，在复杂的情况下做出理性的行为。

有的时候，精神分析师仅仅是诊断出一种神经症人格倾向，就足以治愈一例精神分裂症。例如，一名才能出众的管理人员，近来因为自己下属不合作的态度，深受困扰。这些员工原本一直很有奉献精神，现在却因为某些不可控的原因而发生了改变。员工们没有用一种友善的方式来解决分歧，反而提出种种带有挑衅意味的、过分的要求。尽管处理大多数问题的时候，他都是一个足智多谋、随机应变的人，但是现在，他完全没有能力来处理这一新情况，他在愤恨、不满、绝望之下，甚至考虑过辞职。在这个病例中，这名管理人员只要认识到自己存在很严重的、要求下属奉献的强迫性需求，就足以挽救当前的局面。

然而，通常情况下，仅仅诊断出一种神经症人格倾向，并不能带来任何根本性的改变。原因有二，首先，由这种倾向的发现而产生的改变意愿是模棱两可的，因而也缺乏足够强大的力量。其次，改变的意愿，即使实际上算得上是一种明确、清晰的意愿，也还不是改变的能力。只有经过一段时间之后，这种能力才可能发展起来。

尽管神经症人格的最初往往呈现出某些狂躁的倾向，但一般而言，它只是一种宣泄负面情绪的方式。这种神经症人格具有一种主观的价值，而该价值又是病人本人不愿意放弃的。当克服一种特定强迫性需求的认知出现时，那些想要保持该需求的力量同时也被调动起来了。也就是说，在克服神经症人格的首要效果发生作用不久，病人就陷入了一种矛盾之中：他既想改变，又想保持原样。这种矛盾通常处于潜意识状态，因为病人不愿承认自己想要固守一些违背理性、有损自身利益的东西。

如果因为某些原因而选择维持原状。那么，发现神经症人格倾向也就成了一种稍纵即逝的安慰，随后他会感到更难过。以前面那位农民为例，如果他知道自己得不到想要的治疗，那么人格改变就不会持续很久。

幸好，这些消极反应并不太常见。更普遍的情况是，改变的意愿和维持现状的意愿达成妥协。病人坚定了要改变的决心，却认为改变得越少越好。他可能认为，自己只要做到下面这些就足够了：比如，发现了该倾向在童年的根源，或他仅仅下定了要改变的决心。或者，也有可能他会产生某种错觉：只要了解这种倾向，所有都会立刻改变。

然而，在精神分析第二个阶段，随着对神经症人格倾向含义了解的加深，病人也会越来越深刻地意识到它的不幸后果，意识到它对自己生活方方面面的阻碍已经到了何种程度。例如，假定一个人患有神经症的绝对独立需求，在了解这一倾向的根源之后，他将不得不经历很长的一段时间才会明白：为什么只有这种方法才能让自己恢复信心，以及这种方法的有效性是如何在他的日常生活中得到证明的。他必须仔细观察，这种需求是如何通过他对周围环境的态度表现出来的，也有可能，它会采取一些形式展露自己，例如讨厌视野受到遮挡，或坐在一排座位的中间位置会感到焦虑。他必须知道，它是如何影响自己对着装的态度，这一点可以从他对腰带、鞋子、领带或其他任何可能令人发现束缚的东西的敏感态度中得到证实。他必须理解这一倾向对工作的影响，这一点可能表现在对例行公事、义务职责、期望建议等的抗拒中，表现在对规定时限的挑战、对上级的不服从中。他必须了解它对爱情生活的影响，并观察这样一些因素：自己无法接受任何亲密的关系，或趋向于认为，对另一个人产生任何一点好感都意味着受到奴役。因此，一项对各种因素的评估渐渐成形：这些因素在不同程度上都引起了强迫性情感，迫使病人提高警惕。仅仅认为自己具有寻求独立的强烈意愿是远远不够的，只有在病人意识到神经症人格无所不包的强制力和抗拒性，他才会产生想要改变的严肃动机。

因此，第二个阶段的治疗价值首先就在于，它能够增强病人的意愿，帮助其克服干扰驱使力。因此，病人开始意识到，改变是完全必要的，而他那相当模棱两可的克服干扰的意愿，也转变成了清晰明确的与之进行严肃斗争的决心。

这一决心一定会产生一种强大的力量，而这种力量是富有价值的。但是，如果没有能力坚持到底，即使拥有最坚定的决心，也几乎发挥不了任何作用。而这种能力，是随着种种神经症人格倾向——显现出来、清晰可见，才逐渐发展强大起来的。在病人致力于探求神经症人格倾向所隐含的意义时，他的错觉、畏惧、弱点以及抑制都会逐渐从其防御体系中挣脱出来。这样一来，他不再那么缺乏安全感、不再那么孤独、不再那么满怀敌意，而他和别人、和自我的关系也必然会有所改善，这反过来又会减弱神经症人格倾向的强迫性，增强病人应对该问题的能力。

这个阶段的治疗还有一个作用，即它能成为一种诱因，刺激病人正视那些阻碍自己进行更深入、更彻底改变的因素。因此，迄今为止调动起来的所有力量都有助于消解特定倾向的驱使力，从而也带来了一些改善。但是，几乎可以肯定，这种倾向本身及其诸种含义，是与其他驱使力紧密联系的，当然，这种联系也有可能是对立的。因此，如果病人只围绕、依靠各特定倾向发展起来的子结构进行分析工作，那么，他是不可能彻底解决自己的问题的。以克莱尔为例，通过对这个病人的强迫性谦卑倾向的分析，我们在一定程度上解决了这个病人此方面的问题，但是，在当时，该倾向的某些含义我们并没有触及，原因是，这些含义跟克莱尔的过度依赖倾向交织在一起，只有精神分析师理清思路，才能彻底治愈克莱尔的强迫性谦卑。

在精神分析的第三个阶段，即认识并了解不同神经症人格之间的相互关系，才能让我们掌控这些倾向最深层的冲突。这意味着，病人将理解为寻求解决之法所做的诸多努力，理解这些努力是想要让我们的分析工作推进得越来越深入。在开始这部分工作之前，病人可能已经对一种冲突的组成部分有了深入的自我认知，但仍暗自坚持这种观点：它们有可能达成和解。例如，他可能已经深深认为，自己具有专制性驱使力的本性，也具有强迫性需求他人赞美自己优秀智慧的本性。但是，他偶尔会承认专制性驱力的存在，却毫无改变它的意图，并试图通过这种简单的方法让这些趋势和平共处。他暗自期望，只要承认专制趋势的存在，自己就能得到允许，继续保留该趋势，同时，又能赢得他人对自己表现出来的自我认知的认可。另外一名病人，他追求远超常人的平静，但同时又为恶意的冲动所驱使，他想象着，一年中的大部分时间，自己可以宁静地度过，但又可以分出一段"休假"时间，让他可以纵情沉溺于自身的负面情绪中。显然，只要病人仍在偷偷坚持这种解决之道，那么他的困境就不可能发生根本性的变化。随着第三阶段分析工作的逐渐推进完成，我们就能让病人认识到这些解决方法的临时性了。

这一阶段的治疗价值也就在于如下事实：通过该阶段，我们就有可能解除在各种神经症人格之间运作的恶性循环。它增强了各种神经症人格之间的联系，这就意味着，病人终将了解所谓的症状，说得更精确些，病人最终会认清自己身上严重的病理学临床表现，例如焦虑、恐惧、抑制以及所有强迫倾向的侵袭。

我们经常听到这样的说法：在心理治疗中真正重要的是看到冲突。此类说法跟下面这种论点具有同样的价值：真正重要的是认清神经症的弱点，或心理定式，或对自身优越感的追求等。实际上，最重要的是，准确地看清神经症的整体结构。有时候，当前的冲突可能在精神分析早期就已经为我们所识别。然而，如果我们没有彻底了解这些冲突的种种构成要素，没有有效减弱其强度，那么这是没有效用的。也就是说，只有做到了解其组成、减弱其强度，我们才能触及这些冲突本身。

下面，让我们探寻一下本章及上一章知识的实际价值，并以此结束我们的讨论。在进行精神分析的道路上，这些知识为我们指明了确切的、详尽的方向吗？答案是：即使再多的知识也无法实现这样的期望。原因之一在于：人与人之间的差异非常大，大到想要找到任何一条可供参照的既定分析路线都是不可能的。即使我们可以认为，在现实生活中存在的神经症人格倾向是数量有限的、可以识别的，比如十五种，这些倾向之间可能的排列方式也几乎是无穷的。另一个原因是：在精神分析的过程中，我们看到的不是一种倾向与另一种倾向截然分开，而是所有的神经症人格倾向都纠缠在一起。因此，我们必须采用一种灵活的、富有创作思维的技巧，才能逐渐揭开真理的帷幔。第三个原因在于：

普遍地说，各种神经症人格倾向所显现出来的结果，都是受到抑制的，并非其真实状态，这就给我们的神经症人格识别工作带来了很大的困难。最后，精神分析描绘的既是一种人际关系，也是一次共同的探索。有人认为，精神分析是一次探索之旅，这一旅行吸引了两名同事或朋友，这两个人都对观察和认识感兴趣，也都对整合观察资料和推导结论感兴趣，我们必须说，这种观点只是一种片面的比较。在分析工作中，病人的独特性和神经症——更不用说精神分析师的了——都是极其重要的因素。病人对情感的需求、他的自豪感、他的脆弱点，都会随着具体情境的改变而呈现出不同的形态、发挥不同的作用，此外，精神分析工作本身不可避免地会引起焦虑、敌意以及对自我认知的抵抗——这些自我认知会威胁到病人的安全系统，或威胁到他已经发展起来的自豪感。虽然所有这些反应都是有益的——假如我们了解它们，然而，它们也会让分析过程变得更复杂、让类化更难。

在很大程度上，每一例精神分析都必然会产生其独有的处理问题的次序，这一断言可能会吓退那些忧虑的灵魂，尤其是那些需要得到下面这样保证的人：自己做的永远都是对的。然而，为了让自己安心，他们应该牢记这一点：这种次序不是由精神分析师的人为操纵，而是自然而然发生的，因为它是由问题的本性决定的，即，只有在一个问题得到解决之后，我们才可能接触到另一个问题。换言之，通常情况下，一名病人进行自我分析的时候，他只能遵循素材呈现出来的规律，采取上面描述的阶段。当然，有时候也会发生这种情况：病人提及一些问题，而这些问题在当时是无法得到答案的。在这种情况下，经验丰富的精神分析师会意识到，这一特别的问题已经超出了病人的理解范围，因此，最好是将其暂且搁置。例如，让我们设想一下这种情况：一名病人在仍深深沉浸于自己绝对优越于他人的信念中的时候，突然面临一些信息，这些信息暗示他害怕自己不为他人所接受。这时，精神分析师会认为，现在就治疗病人的恐惧症还为时过早，因为病人认为，对自己这样一个出众的人而言，具有这种恐惧是不可思议的。在其他很多时候，精神分析师只有在回顾以往病例的时候，才会诊断出，在某个特定的时间点，一个问题是不可触及的，也只有在回想的时候才会明白这其中的缘由。也就是说，在进行自我分析工作的时候，精神分析师也只能摸索前行，也难免会犯错误。

在自我分析的过程中，甚至可能发生这种情况：病人会本能地逃避一个他当时尚且没有能力应对的问题。因此，过早地处理一个因素，对他而言，并没有多少诱惑。但是，如果他确实注意到了，并经过一段时间的努力，对一个问题的解决方法仍丝毫没有进展，那么，他就应该明白，自己还没有做好准备来处理这个问题，最好是将其暂且搁置。如果进行自我分析的过程中发生了这种变化，病人也不需要沮丧，因为一次不成熟的解决问题的经历，为进一步工作提供有意义的线索的情况，非常常见。然而，我们几乎不需要强调，一种解决方法不为人们所接受的原因还有很多，病人不应急着得出该方法不够成熟的结论。

我提供的这类资料对自我分析工作是很有裨益的，它不仅可以帮助病人预防那些不必要的令人沮丧的事情的发生，而且还具有实际意义，因为它可以帮助我们完善、理解神经症人格各部分的特点，否则，这些特点就仍是一堆杂乱无章的观察资料。例如，一名病人可能意识到，自己很难开口向别人提出任何要求，从驾车旅行时询问正确的路线到向医生咨询疾病皆是如此。然而，他认为自己应该有能力完全依靠自身力量解决自己的问题，并且将寻求精神分析看作是一种不光彩的、可鄙的行径，所以会选择隐瞒此事。如果有人对他表示同情或提出建议，他就会恼怒生气；如果他不得不接受帮助，他就会为此感到羞耻。如果他具备一定的神经症人格倾向方面的知识，他就有可能意识到，所有这些反应都来源于强迫性自信倾向。当然，我们无法保证这一推测是正确的。普遍地说，该病人对人类充满了厌倦情绪，这一假设也许可以解释他的一些反应，不过却无法解释他在一些时候产生的那种自尊心受伤的感觉。病人所做的任何推测，如果没有充足的证据来证明它是正确的，那就必须将其暂时搁置。即使如此，他还是必须反复求证、再三确认，自己所做的假设是否真的彻底弄清了一个问题，还是只有一部分有效。既然他绝不能指望一种神经症人格倾向就能解释所有的问题，那么他就必须记住，逆流始终存在。他唯一能够合理期望的是，自己所推测的那种趋势，代表的是他生活中强迫性力量的一种，因此，它必定会以一种跟所推测的反应方式一致的形式表现出来。

在诊断出一种神经症人格倾向之后，病人的知识仍会提供实际的帮助。如果病人明白，发现一种神经症人格倾向的种种临床表现及其后果，具有重要的治疗价值，那么，他就会有意识地将注意力集中到这些上，而不会倾注在对神经症人格倾向驱使力产生原因的疯狂探寻中，后者大部分只有在分析的后期，我们才能够理解。这种认识，对于引导病人的思想逐渐认可探索神经症人格倾向所要付出的代价，尤为宝贵。

就种种冲突而言，心理学知识的实际价值存在于这一事实：它能解决个体的犹豫不决，阻止其只是在毫无联系的态度之间摇摆不定。例如，克莱尔进行自我分析的时候，就在把所有责任都推到别人身上还是都归咎到自己身上，这两种倾向之间踌躇不决，耗费了大量的时间。她也因此而感到困惑不解，因为她本来想要解决的问题是：这两种倾向中她到底具有的是哪一种，或至少要弄清楚哪一种倾向是占主导地位的。实际上，这两种倾向在她身上都存在，而且它们也源自两种相互矛盾的神经症人格倾向。归咎于己和畏避归咎于人的倾向，都是克莱尔强迫性谦卑倾向导致的结果。归咎于人的倾向则是由她的强迫性高人一等的需求引发的，这种强迫性倾向让她无法容忍自己身上存在任何缺点。如果在这时，克莱尔就能想到可能存在两种相互矛盾的倾向，而这两种倾向又具有相互冲突的根源，那么，她对分析过程的了解可能就提前很多。

目前为止，我们已经对神经症人格倾向的结构进行了简要的考察，也对处理潜意识的一般方法进行了探讨，以求逐步了解神经症人格倾向的整体结构。只是，探索这些潜意识的具体方法，我们还没有谈到。在接下来的两章，我们将探讨这个问题：为了治疗神经症病人的精神疾病，精神分析师和病人必须要承担何种任务。

第四章

在精神分析阶段，
神经症病人的配合

自我分析需要精神分析师的治疗和病人配合。因此，讨论精神分析过程中每一位参与者的任务就十分必要了。不过，我们应该谨记在心：这一分析过程不仅是精神分析师和病人工作的总和，更是一种人际关系。精神分析师用这种方法来治疗病人，对双方的工作都有相当大的影响。

病人需要承担的工作主要有三种。其一，展现自我，而且要尽可能地彻底、坦率。其二，去感知自己的潜意识动机，了解它们对自己生活的影响。其三，发展能力，改变那些妨碍病人与自我与周围人建立良好关系的态度。

全面的自我表露的实现，是通过自由联想的方式达到的。迄今，自由联想只是用于心理学实验，弗洛伊德提出把它运用在精神分析法上。进行自由联想对病人而言意味着毫无保留地表达自己，意味着按其呈现的顺序，将进入自己脑中的所有东西都陈述出来，不论它是否是或看上去是琐碎无价值的，还是与讨论问题无关的、不符合逻辑的、荒诞不经的、粗鲁不堪的、使人尴尬的、令人蒙羞的，总之都要一一展露。在此，有必要补充一句："所有东西"应按字面意思理解。它不仅包括那些短暂的、弥漫性的想法，还包括具体的观念和记忆——从病人上一次接受自我分析以来发生的种种事情，关于人生每个阶段所经历事情的记忆，对自己和他人的想法，对精神分析师或分析情境的反应，对宗教、道德、政治、艺术的信念，对未来的期望和计划，对过去和当前的想象，当然，还有梦。尤为重要的是，病人表现出来的每一种情感，例如喜爱、认同、满足、宽慰、怀疑、害怕，还有每一种琐碎的想法所呈现的反应。当然，因为种种原因，病人会拒绝说出一些事情，但是他应该将自己抗拒的理由说出来，而不是用这些理由来隐藏自己特别的思想或情感。

　　自由联想与我们普通的思考或说话方式不同，这种不同不仅在于它的坦率和毫无保留，而且还在于它表面的毫无目标。在谈论一个问题、讨论周末计划、向一名顾客解释商品价值的时候，我们都习惯于紧扣主题。我们趋向于从划过脑海的形形色色的意识流中，选择那些与眼前情况相关的因素来表达。甚至在跟最亲密的朋友交谈的时候，对于该说什么不该说什么，我们也会加以选择，即使我们并没有意识到这一点。然而，在自由联想中，我们要努力表达出浮现在我们脑海中的一切，不论它们会导向哪里。

　　正如人类很多其他的行为一样，自由联想既可以用作建设性的目的，又可以用作妨碍性的目的。如果病人有明确的决心，要坦率地向精神分析师表露自己，那么他的自由联想就富有意义和启发性。如果病人因为切身利益相关，无法面对一些潜意识因素，那么，他的自由联想就只会徒劳无果。这些利益在病人的心中占据了十分重要的位置，以至于自由联想的优秀价值也变得毫无意义。如此一来，病人得到的就只是一些天马行空的无意义的想法，与进行该联想真正的目的形合神离。因此，自由联想的价值完全取决于病人本人的态度。如果病人的态度是尽最大可能地公开、坦白，是下定决心面对自身的问题，而且倾向于向另一个人敞开心扉，那么，自由联想的过程就能达到预期的目的。

　　概括地讲，这一目的就是让精神分析师和病人都了解后者的内心是如何活动的，并因此最终弄清楚其精神症人格倾向结构。此外，自由联想还能解决一些具体的问题，比如，一次焦虑的侵袭、一种突如其来的疲乏感、一种幻想或一个梦等等所有这些的意义，还有，为什么在面对某个问题时，病人的头脑会一片空白，为什么他会突然涌起一股对精神分析师的不满，为什么昨晚在餐厅会感到恶心，为什么跟妻子在一起会阳痿，或为什么参与讨论时会结结巴巴。这样一来，病人在思考某一特定问题的时候，就会努力弄清楚自己刚刚回忆起了什么。

为了阐明上述观点，下面我举一个例子。一名女病人做过一个梦，梦中的一个情节是，她因为一个贵重物品遭窃而感到悲伤。我问她，梦里这个特殊的片段能让她想到什么与此相关的事情。她脑海中出现的第一个联想是，曾雇用过一个女仆，后者在长达两年多的时间里，一直偷家里的东西；她也曾隐约怀疑过那名女仆，而且她还清楚地记得在最终确认之前，自己那种深深的紧张焦虑。病人的第二个联想是童年时的一段记忆，那时她因为吉卜赛人偷拐儿童的事情而畏惧害怕。接下来的联想是一个神秘故事，故事中一位梦中人王冠上的宝石失窃了。然后，她想起来无意中听别人说过，精神分析师不靠谱。最终，这个病人的潜意识让她回忆起了精神分析师的诊所。

毫无疑问，这些联想表明她的梦跟精神分析的内容有关联。精神分析师不靠谱的言论，同时也暗示了病人对治疗费用的担忧。不过这个方向是错误的，这已经得到了证明；她一直认为自己的治疗费用公平合理而且物有所值。那么，这个梦是对前一个精神分析阶段的反馈吗？病人也否认了这一推测，因为上次这个病人离开诊所的时候，焦虑明显减轻，还带有感激之情。前一个精神分析阶段，精神分析师诊断她患有周期性的倦怠和惰性其实是一种破坏性抑郁症。此病症以前从来没有以这种方式在她身上出现，而其他人也没有察觉到，因为她从没感到情绪低落。其实，尽管这个病人受到很深的伤害，但是她仍然坚强地生活；尽管她常常有自己受伤的情绪，但是她仍然可以坚强勇敢地面对一切。当这个病人意识到如何在现实和梦境中进行转换，那么她就可以得到救治。然而，这种得以救治感并没有持续多久。至少，她现在突然发现，那段精神分析阶段过后，自己一直相当狂躁，而且还患上了轻度胃病，也无法入睡。

对于她的那些联想，我不再详细复述。结果证明，最重要的线索藏在那个有关神秘故事的联想里：我从她的头发上偷走了一个宝石饰品。她想给自己和他人一种自己拥有卓越才能的印象，她的努力确实是一种负担，但也无可否认，这种努力同时帮助了她的康复。它给予她一种自豪感，只要她真实的自信心还不稳固，她就非常需要这种自豪感。而且，这种努力还是她最有力的防御手段，它能够帮助她看清自己的缺点，并加以改正。因此，她正在扮演的角色对自己至关重要。通过自我分析，我们可以解开这样一个真相：她自以为的强者身份只是她的一个角色而已。如果她的其他角色与她的神经症人格形成了角色的冲突，那么这就会激起她的愤怒。

自由联想完全不适用于天文计算，也不适用于分析政治局势，这些工作要求的是清晰而简要的推理论证。但是，自由联想却是了解潜意识情感和追求的存在、价值以及意义的一种非常适合的方法，而且根据我们现有的知识水平，这也是唯一的方法。

关于自由联想在自我认识上的价值，我还要再补充一句：它并不是无中生有。如果有人期望，只要解除了理性控制，我们所害怕、所鄙视的一切就都会展露出来，那是不可能的。我们可以完全肯定地说，没有任何超过我们容忍度的东西会以这种方式出现。出现的只有受抑制情感或原始驱使力的衍生物，而且像在梦中一样，它们是以扭曲的形式或象征性的表达方式出现的。因此，在上面提到的一系列联想中，那位梦中人就是病人潜意识的一种表达。当然，有时出人意料的因素也会以一种戏剧性的方式出现，但只有在对相同的问题进行了大量的早期工作，将这些因素推到了接近暴露的程度，这种情况才会发生。就像那一系列联想已经描述过的一样，受抑制的情感可能会以一种貌似久远记忆的方式出现。但是，病人因为自己伤害了他人而对我产生的愤怒，并不是以这种方式出现。一旦这个病人在某种困扰中泥足深陷，那么她就应该及时停止这种毫无作用的自由联想，回溯到法制健全、标准严苛的现实世界。

虽然自由联想并不能创造奇迹，但是如果以正确的态度来实行，它们的确会将头脑运作的方式展现出来，就像X光一样。而自由联想所运用的，是一种或多或少带有神秘色彩的语言。

对任何人而言，自由联想并不容易。自由联想不仅跟我们的交流习惯、传统礼教截然相反，而且它必然会进一步给每位病人带来不同的麻烦。这些麻烦尽管难免会发生重叠，但总的而言，它们可以分门别类。

如果病人一开始就沉浸在自我联想之中，就会因畏惧而抑制自己的人格。因为他们认为，如果每一种情感和思想都要走脑子，那么就会加重大脑的负荷。至于具体会激发起哪些特定的畏惧，从根本上讲，是由病人当前的神经症人格倾向决定的。我可以举几个例子，来言明一下这个问题。

有一位病人，整日忧虑疑惧，他从早年就一直生活在无法预测的危险可能带来的威胁之中，他总是下意识地规避各种风险。他坚持这种虚构的信念：通过将自己的预见能力发挥到最大程度，他就可以掌控人生。因此，如果不能预测到结果，他就不会采取任何行动。杜绝出乎意料、措手不及，是他的最高法则。对于这样的人而言，自由联想就意味着极度的鲁莽草率。因为自由联想这一过程的意图，正是在无法提前预知将要发生什么、也不知道发生的事情会导致什么结果的情况下，让所有事物呈现出来。

对于一个高度独立的人而言，他面临的困难则是另一种类型。他只有在伪装自我的时候，才会感到安全。他潜意识地挡住任何想要闯入他的个人生活的人或物。因此，这样的人就像生活在象牙塔中，任何试图改变他的行为都会让他感到威胁。对他而言，自由联想意味着不能容忍的入侵，是对他的独立的一种威胁。

第三个人缺乏道德自主性，不敢作出自己的判断。他不习惯主动地思考、感受、行动，但是，就像一只昆虫会伸出自己的触须探查外界情况一样，他也会不自觉地调查周围环境，看看环境对自己有什么要求。对他而言，有人支持的时候，他的想法就是好的、正确的，而如果没有人支持，那就是坏的、错误的。同样，将自己脑海中的一切都表达出来，也会让他感到威胁，但他感受威胁的方式跟前两者完全不同：他只知道如何作出反应，却不知道如何自然地把自己的意思表达出来，他为此而感到不知所措。精神分析师对他的期望是什么？他只要不停地讲话就可以了吗？精神分析师对他的梦感兴趣吗？还是对他的性生活感兴趣？精神分析师认为自己爱上这个病人吗？还有，精神分析师喜欢什么、不喜欢什么？对这名病人而言，单单坦率而自然表露自我这一概念，就能让他联想到上面所有那些令人不安的、无把握的事情。而且，他所坦露的事情还有可能遭到抗拒、非难，让他有感到恐惧。

最后一个例子，这个人深陷于个人的角色冲突之中，变得迟钝呆滞，甚至，他失去了原始驱使力。只有在受到来自外界的推力时，他才会尝试前行。虽然他十分愿意回答问题，但如果要求他自己找出问题，那他就会感到不知所措。因为他进行自发性活动的能力受到了抑制，所以他无法进行自由联想。这种自由联想的无能，可能会激发他心里的一种恐慌，如果他是一个具有在所有事物上都要取得成功的强迫性需求的人，那么他就很有可能把自己的这种抑制视为一种"失败"。

这些病例说明了，对某些神经症病人而言，自由联想的整个过程会引起畏惧或抑制，即便是那些有能力接受这一过程的人，他们心里也有一处地方，一旦触碰，就会引起焦虑。例如，在克莱尔这个病例中——她基本上能够进行自由联想——在她精神分析的初期，任何接近她压抑的对生活需求方面的事物，都会引起她的焦虑。

另一个困难在于如下事实：将所有情感和想法毫无保留地表达出来，就难免会把病人感到难为情，或者呈现出难以言表的性格品质。正如在有关神经症人格那一章中提到过的，那些让人觉得耻辱的性格之间的差距是很大的。当一群穷奢极欲的人，遇见崇尚简朴的人，双方就会重新审视自己的价值观。如果某些人金玉其外、败絮其中，那么当别人揭穿他们的伪装时，他们就会感到羞耻。

很多病人在表达自己思想和情感方面的困难，都跟精神分析师有关。因为不能进行自由联想的人——不管是自由联想会威胁到他的自我防御系统，还是他太缺乏主动精神——很可能会把自己对自由联想过程的厌恶，或因为失败而引起的懊恼转移到精神分析师身上，反映出来就是一种潜意识的挑衅、不合作。而他自身的发展、他的幸福，则危如累卵，几乎被遗忘了。此外，即使自由联想的过程并没有引起病人对精神分析师的敌意，还存在另一个事实，即，病人因为在乎精神分析师的态度而产生的种种畏惧，在一种程度上始终存在。例如，病人会有如下担心：他（精神分析师）能理解我吗？他会谴责我吗？他会看不起我，还是会敌视我？他是真的关心我，想让我得到最好的发展，还是他只是想把我塑造成他的样子？如果我对他本人进行评论，他会感受到伤害吗？如果我不接受他的建议，他会失去耐心吗？

正是这种担忧和障碍的无限多样性，让人们视其为一项非常困难的工作。这样一来，病人不可避免地就会采取推托策略，会故意略去一些事情不提。在精神分析阶段，一些因素永远也不会为病人所想起。一些情感也不会为病人所表达出来，因为它们转瞬即逝。一些细节会被省略，因为病人认为它们过于琐碎。"估计"将取代思想的自由流动。病人会坚持围绕日常事件进行冗长烦絮的讲述。他会有意无意地努力逃避进行自由联想的要求，而且他能想出的推托策略层出不穷。

因此，把自己所有的想法都讲述出来，这听上去似乎是一件简单的工作，但实际上，它面临的困难是如此巨大，我们只能尽可能地达到目的。病人在自由联想这条路上遇到的障碍越大，他所做的工作就越没有价值。但是，病人越是配合医生的治疗，精神分析师就越能治愈他的精神疾病。

在精神分析的第二个阶段，精神分析师让神经症病人诚实地面对自己的问题——诊断出迄今为止仍处于潜意识层面的因素，获得对它们的自我认知。然而，就像"认知"这个词所暗示的，这项工作并不仅是一个发挥智力的过程。正如自费伦茨[1]和兰

---

[1] 桑多尔·费伦茨（Sander Ferenczi，1873–1933），匈牙利自我分析家、医生。1924与兰克合著《自我分析的发展》。

克[1]开始，在有关精神分析的著作中所强调的那样，直面自我既是一次智力的体验，也是一次情感的体验。如果我可以用一句话来表达，那就是：正视病情，配合治疗。

自我认知也许是对一个完全受抑制的因素的认识，例如一个人具有强迫性谦卑倾向或者品行仁善，实际上蔑视别人。也许，这是一种潜意识层面的原始驱使力，具有我们永远都想象不到的程度、强度和品质。例如，一个人也许知道自己有野心，但他以前从没有料想到，自己的野心会吞噬所有的激情，这不但决定了他人生的方向，而且还包含了一种对他人的恶意攻击。或者，自我认知也可能是一种发现：一些看上去没有联系的因素，却关系密切。一个人可能已经知道自己的人生意义和成就，他怀有一些宏伟的志向；但他也意识到了，自己前景堪忧。他隐约有一种不祥的预感：在短期内，他将难以摆脱困境。他认为自己的这两种态度各代表一个问题，两者之间没有联系，但他从来没有怀疑过真实情况是否确实如此。在这种情况下，他的自我认知会向他揭示。他认为自己的独特价值得到他人赞美的愿望十分强烈，以至于此愿望没有实现会让他非常愤怒，也因此让他贬低了生命本身的价值。如果一个贵族的等级观念根深蒂固，那么无论他的生活境遇如何，他内心的信念都不会动摇。

我们无法用普通的专业术语来说明，对一名病人而言，获得对自身问题的一种自我认知意味着什么，就像我们无法说清楚，对一个人而言，在阳光下赤身裸体意味着什么一样。

对于一名病人而言，我们无法用词汇来说清楚什么问题困

---

[1] 奥托·兰克（Otto Rank，1884—1939），奥地利心理学家，受弗洛伊德影响走上心理学研究之路，曾是弗洛伊德忠实的追随者，后因理念不同而分道扬镳。

扰着他，就像我们无法说清楚现实中的这个人具体是怎么样的一样。

现实也许会扼杀他，也许会拯救他，也许会让他疲惫不堪，也许会让他精神焕发。现实具体会产生何种作用，既取决于现实的强度，也取决于这个人本身的情况。同样，自我认知可能会非常令人不快，也可能会迅速缓解痛苦。在此，我们所处的境况跟我们在讨论分析不同阶段的治疗价值时所谈到的境况十分相似，但此处背景稍有不同，我们再简要说明一下那些评论并没有害处。

为什么会起到缓解痛苦的作用存在数个理由。从最不重要的原因说起，通常说来，仅仅是弄清楚一些迄今仍不理解的事情，就是一次令人愉悦的智力经历；单纯地认清真相就像得到了一种宽慰，这在人生的任何时候都是如此。这一原因不仅适用于阐明当前的种种特质，而且适用于回忆迄今已经遗忘的童年经历——如果这样的回忆能够帮助一个人精确地理解，在人生的开始阶段是什么因素影响了他的发展。

这个事实更重要：通过向病人展示他以前态度的虚伪性，自我认知能帮助他揭露出自己内心真实的情感。在他可以自由地表达出自己的愤怒、苦恼、轻蔑、畏惧，或任何目前为止一直受到压抑的情感的时候，积极的、活跃的情感就会取代令人备感无力的抑制，病人在发现自我的道路上也就前进了一步。在取得这样的发现的时候，经常会听到不经意的笑声，这表明病人获得了解放的感觉。即使这种感觉本身并不令人愉快，这一点也同样适用。例如，病人会认为终其一生，自己仅仅是想办法"过得去"或试图伤害、支配他人，这一点也同样适用。除了促进自我发现、活跃度、能动性等方面的提升之外，这种自我认知还能消除紧张感，这些紧张感是因病人以前压抑自己的真实情感而产生的。紧张感消除之后，原来用在压抑上的力量就得到了释放，而有效能的数量也因此得到了增加。

最后，敞开心扉重建信任，用行动来表达比用言语更有力。只要有一种行动或情感受到压抑，人就会困在死胡同里。例如，如果一个人完全意识不到自己对他人心存敌意，而只知道自己在跟别人相处时感到局促不安，那么他就难以理解自己心里的这种敌意；他就不可能了解这种敌意产生的原因，不可能知道这种敌意是什么时候出现的，他也没有办法减弱或消除这种敌意。但是，如果抑制解除了，他就能感到所有的敌意。那时，也只有在那时，他才能好好地看一看它，而且可以继续检查，寻找自己身上导致这种敌意产生的种种脆弱之处，而之前他对这些脆弱之处一无所知，就跟对这种敌意本身一样。这样，最终，通过给人提供一种改变一些令人不安的因素的可能性之后，这种自我认知很有可能就带给人相当大的宽慰。即使立即改变比较困难，但放眼未来，我们还是能够看到走出困境的希望。即使最初的反应可能是伤害或惊恐，这一点也仍然有效。克莱尔深刻理解这一事实：这个病人曾对自己有过分的期望和要求，起初，这一洞察引起了这个病人的恐慌，因为它动摇了这个病人的强迫性谦卑，而这种谦卑却是支持她的安全感的支柱之一。但是，一旦这种强烈的焦虑逐渐减弱平息，这种洞察就给克莱尔带来了宽慰，因为它代表克莱尔可以从过去的阴影中走出来，回归健康的生活。

但是，对自我认知的第一反应可能是痛苦的，而非宽慰人心的。正如前面有一节讨论过的，病人对自我认知存在两类主要的消极反应。其一，病人意识到自我认识是危险的，其二，则是沮丧和绝望。尽管它们看上去不同，但这两种反应在本质上只有表现程度的差异。它们都是由这一事实决定的：病人不能也不愿，或还不能还不愿，放弃对生活的一些基本要求。当然，这些要求究竟是什么，是由病人的神经症人格倾向决定的。

正是由于这些倾向的强迫性本质，这些要求才会如此死板、如此难以放弃。例如，一个一门心思热切渴求权力的人，可以没有舒适、快乐、女人、朋友等等通常情况下人生所希冀的所有美好东西，却唯独不能没有权力。如果他为这种倾向所支配，决心不放弃对权力的要求，那么任何对此要求价值的质疑都只会激起他的愤怒或惊恐。他这些可怕的反应，不仅可以由证明他的独特追求是不可行的自我认知引发，而且可以由那些具有揭露作用的自我认知引发，这些自我认知会向他揭示，他的追求会阻止他去实现其他的目标——那些对他同样重要的目标，或阻止他克服那些令人烦恼的缺陷和苦楚。或者，另外一些例子也可以说明这一点。一名病人因为自己的孤立状态和与他人的尴尬关系深受其苦。但是，从根本上说，他仍然不愿意离开自己的象牙塔，对于任何向他展示下面这种情况的自我认知：如果不放弃一个目标——他的象牙塔，那么他就不可能获得另一个目标——孤立状态的缓解，他都必然会感到焦虑。总的说来，如果一个人拒绝放弃自己的强迫性信念，认为自己可以凭借绝对的意志力来掌握人生，那么，任何揭示出他的这一信念的虚构性的自我认知，都必定会引起他的焦虑。因为这让他质疑自己所坚持的理论基础。

由这些自我认知所引发的焦虑是病人对一种展露曙光的景象的反应。这一景象就是：如果他想得到自由，他终究必须针对自己的基础作出一些改变。但是，必须要改变的种种因素依然根深蒂固，而且作为处理与自我、与他人关系的方法，它们对病人而言仍然极其重要。因此，病人害怕改变，而这种自我认知带来的也不是宽慰，而是恐慌。

而且，如果病人从内心深处发现，这种改变尽管对他的解放必不可少，但自己却是完全办不到的，那么他对此的反应与其说是惊恐，不如说是绝望。在他的意识里，这样的情感经常被一种对精神分析师的深重的愤怒所掩盖。他认为，在进行自我认知的过程中，精神分析师会把病人拉回到现实世界。然而，不论用何种方法，他都对这些自我认知无能为力。这种反应是可以理解的，因为如果我们可以肯定这些自我认知最终无法发挥作用，那么就不会有人愿意忍受伤害和苦楚去获取它们。

在这个问题上，对一种自我认知的消极反应并非必然就是定论。实际上，有时，消极反应持续的时间相对较短，而且很快就转变为给人带来宽慰。通过进一步的自我分析，一个人对一种特定自我认知的态度是否可以改变，这其中的决定因素有哪些，在这里，我不需要详细阐述，只要尽力让他们去做一些力所能及的事就可以了。

但是，就这样依据自我认知所产生的作用是宽慰，还是畏惧，或绝望，来对它们进行分类，我们还是无法完全理解这些对我们自身感觉的反应。不论自我认知激起的是什么样的即时反应，它始终都意味着对现有平衡的挑战。一个为种种强迫性需求所驱使的人无法有效地生活、工作。为了追求一些目标，他付出了昂贵的代价，却舍弃了自己真实的意愿。他在很多方面都受到了抑制，在诸多广泛的、弥漫的领域都容易受到攻击。他不得不跟受抑制的畏惧和敌意进行斗争，而这消耗了他的精力。他疏远了自我，也疏远了别人。但是，尽管他的神经系统内部存在所有这些缺点，在他体内运行的种种力量仍然构成了一个有机结构，在这个结构内部，每个因素都与其他因素相互关联。这样一来，想要不影响整个有机体就改变这些因素，是不可能的。严格说来，所谓孤立的自我认知并不存在。自然，一个人在这个或那个点上停下来的情况也时有发生。他可能满足于已取得的成果，也可能感到心灰意冷，也可能十分抗拒继续前进。但是，从原则上说，每一种自我认知的获得——无论其本身如何微不足道——都会揭露出新的问题，这是因为自我认知所改变的那一处跟其他的精神因素是紧密联系的，只要一处遭到了破坏，整体的平衡就会动摇。神经系统越是死板僵硬，改变就越是无法容忍。此外，自我认知越是接近神经系统的核心，它引起的焦虑就越严重。抗力，正如我在稍后将详细阐述的那样，从根本上讲是来自保持现状。

治疗神经症病人第三个阶段是改变其内心阻碍他发展的因素。这并不仅仅意味着行为或举止方面的大规模改变，例如，获得或重新获得公开表现的能力、进行创造性工作的能力、合作的能力、性交的能力等等，或去除恐惧症、抑郁症倾向。经过一次成功的精神分析，这些变化会自然而然就发生。然而，这些并不是主要的变化，它们只是由人格内部那些不那么明显的改变造成的，例如对自己采取更现实的态度，而不是在自我扩张和自我贬低之间摇摆；获得了能动性、主见性和勇气，不再迟钝、畏惧；能够制定计划，不再随波逐流；找到了自己内在的重心，不再怀着过度的期望和过度的指责而依赖于他人；对人更加友善更加理解，不再怀着防御的、弥漫的敌意。如果病人表现出这些改变，具有明显活动或症状的外部变化一定会随之发生，而且会达到相应的程度。

人格内部发生的这些变化，并不算是一个特殊的问题。如果一种自我认知就是一次真实的情感经历，那么这种自我认知本身就相当于一种改变。也许会有人说，虽然我们对迄今为止一直受到压抑的一种敌意获得了一种自我认知，但是任何改变都没有发生：敌意仍然存在于那里，只不过我们对它的意识不同了而已。这种说法理论上说是正确的。实际上，如果一个人以前只知道自己言行生硬、身心疲惫或有弥漫性恼怒，而现在，他诊断出了产生这些障碍的具体的敌意——凭借其特有的抑制作用，那么，这两种情形之间的差距是巨大的。正如已经讨论过的，在得到这一发现的时刻，他可能会感觉自己重焕新生。而且，除非他立刻想办法舍弃这一认知，否则它必定会影响他与别人的关系。这一认知会引发他对自己的惊奇感，生成一种诱因，刺激他去调查这一敌意的含义，在面对陌生事物的时候，消除他的无助感，让他探索人生的意义。

作为一种自我认知的间接结果自然发生的，还有另外一些变化。焦虑的任何一种根源一旦缩小，病人的强迫性需求就随之减弱。受到压抑的耻辱感一旦为我们所看到、了解，一种更强的友善之情自然就会产生，尽管这种友善是否有利还属未知。如果精神分析师诊断出病人害怕失败，病人自然而然就会变得更加积极主动，并且承担起此前他一直潜意识规避的某些风险。

至此为止，自我认知和变化看上去极为相似，因而，将这两个过程分成两项工作，似乎没有必要。但在分析的过程中，还存在其他情况——正如生活本身——即，尽管会获得一种自我认知，我们可能还是会拼命抗拒改变。这其中有一些情况我们已经讨论过了，可以概括如下：在一名病人认为必须放弃或改变自己对生活的强迫性需求的时候，如果想要自己的能力自由地为自身的适当发展服务，他就要准备开始一场艰苦的战斗了，在这场战斗中，他要拼尽全力，来证明改变的必要性或可能性是虚假的。

另一种自我认知和变化可能差异很大的情形，发生在下面这种时候：精神分析引导病人直面自己的一种冲突，而他必须对此冲突作出决定。当然，并非精神分析揭露的所有冲突都具有这种性质。例如，如果精神分析师诊断神经症病人的驱使力存在矛盾，存在于强迫性控制他人和强迫性顺从自己的期望之间，那么，病人就不需要在这两种倾向之间作出选择。这两种倾向都必定需要进行分析，而当病人经过分析，在与自我、与他人之间建立起了更加和谐的关系，那么这两种倾向便都会消失，或得到极大改善。然而，如果是物欲的利己主义和理想之间存在的一种潜意识冲突，而且这种冲突一直存在，那么问题就不同了。这个问题在多个方面都让人为难：愤世嫉俗的态度也许可以感知到，而理想则受到压抑，或如果有时理想显露了出来，它们就会遭到有意识地否认；或者，追求物质利益（金钱、显赫）的意愿可能受到抑制，而理想则仍在有意识地严格坚持；或者，对于追求理想的方式，应该是玩世不恭还是严肃认真，无法决定，不停变更。但是，当这种冲突显露出来，仅仅是看到它、了解它的种种分支是不够的。在彻底解决所有的问题之后，病人最终必须表明立场。他必须作出决定，自己是否要坚持理想，如果答案是肯定的，那么他又需要选择以何种程度的严肃来对待自己的理想，而他又要给物质利益留出多大的空间。因此，病人在从获得自我认知向改变态度转变的这个犹豫期，是他实现理想的一个契机。

然而，毫无疑问地，病人面临的这三项工作是紧密联系的。他彻底的自我表露为种种自我认知的获得铺平了道路，而种种自我认知又带来了转变，或为转变做好了准备。每一项工作都影响着另外两项。在获得每一个自我认知的过程中，病人越是退缩，他的自由联想受到的阻碍就越大。他抵抗某个改变的决心越大，他同某个自我认知发生斗争的可能性就越大。不过，目标却改变了。我们给自我认识赋予很高的价值，并不是为了自我认知本身，而是因为自我认知能成为改变、修正、控制情感，体现追求程度和态度的方式。

病人对待改变的态度，通常会经历多个不同的阶段。通常情况下，病人在开始接受治疗的时候，会怀着种种他自己不愿承认的、对神奇治疗方法的期待，这些期待一般意味着下面这种认知：他不必作出任何改变，甚至不必主动进行自我分析，他的所有障碍就消失。因此一来，精神分析师的治疗方法就是接受对方。然后，当他意识到自己的这种认为不可能实现时，他就会完全收回之前的"信任"。他这样为自己辩护：如果精神分析师只是普通人，那么他又能给予自己什么帮助呢？更糟糕的是，他会发现无法主动行事，绝望感油然而生。只有在他的才能得到解放，能积极主动地配合医生治疗的时候，他才会知道自理，病人才会摆脱对精神分析师的依赖而成为一个独立自主的人。

在精神分析阶段，病人既面临重重困难，又受益良多。一个人想要做到彻底的坦率是很困难的，但这同时也是一件好事。获得自我认知和改变的情况同样也是如此。因此，精神分析是促进自身发展的可能的方法之一，但远非一条捷径。它要求病人具备十分坚定的决心、自律以及积极抗争的精神。就这一点而言，它与生活中其他能够帮助人发展的情况，并没有什么不同。通过克服成长道路上遇到的种种磨难，我们会变得越来越强大。

第五章

在精神分析阶段，

精神分析师的诊治

精神分析师总的任务是帮助病人认知自我，并尽可能依据病人自己的需求帮助其重新定位生活方向。为了更详细地将精神分析师要达到该目的需进行工作的效果表达出来，我们有必要把他的工作内容进行分类，并分别讨论。从大体上说，精神分析师的工作主要可以分成五部分：观察、了解、解释、抗拒反应、普通人的协作。

从某种程度上说，精神分析师的观察和其他所有观察者的观察是一样的；只是他们多少还具有一种特殊的角色。跟其他人一样，精神分析师会从病人的态度——例如冷漠、热情、严厉、自然、蔑视、温顺、怀疑、信任、自信、胆怯、无情、敏感——中观察其一般品质。仅仅是通过倾听，不需要作出直接的努力，精神分析师就能获得很多关于病人的整体印象：他是放松的还是紧张不安的；他说话的方式是系统的有节制的，还是散乱的神经质的；他所表达的内容是抽象的概括，还是具体的细节；他的陈述是详细描述还是切中要害；他是自发地讲述，还是把主动权交给了精神分析师；他是循规蹈矩，还是坦率地将自己的所思所想表达出来。

精神分析师对病人更具体的观察，首先来自病人对自己过去和现在的经历，病人与自我和他人的关系，自己的计划、意愿、畏惧、想法等等的表达。其次来自病人在诊所中的行为表现，因为每一名病人对治疗费用、时间、躺卧以及其他有关精神分析的客观方面的安排，都会作出不同的反应。而且，针对自己正在被分析的事实，每一位病人的反应也各不相同。有的病人把精神分析当作是一次有趣的智力体验过程，但是拒绝承认自己确实需要接受自我分析；有的病人把精神分析当作一个令人蒙羞的秘密；而有的病人却以此为傲，认为精神分析是一种特权。再者，不同的病人对同一名精神分析师，也会表现出变化无穷的态度，这其中个体差异之多，跟现实中人际关系的复杂程度并无二致。最后，病人在各自的反应中也表现出了无数既微妙又明显的犹豫不决，而这些犹豫本身就具有启迪作用。这两种信息源——病人所讲述的有关他本人的信息和精神分析师对病人实际行为的观察——相得益彰，就像在任何关系中的情形一样。即便我们十分了解一个人的历史，了解她现在对待朋友、女人、事业、政治的所有方式，如果没有直接跟这个人面对面交谈，没有亲眼看到他的所作所为，想要描绘出关于他的清晰、完整的图画也还是远远不够的。这两种根源都是不可或缺的，具有同等的重要性。

跟其他任何观察一样，精神分析师对病人的观察也受到精神分析师视角的影响。一名女售货员对一位顾客的关注点，跟一名社会服务人员对一位寻求帮助人员的关注点是不同的。一位雇主对候选员工进行面试时，他把关注点放在对方的主动性、适应性、可靠性等方面；而一位牧师在与教区居民交谈时，他对道德行为和宗教信仰更感兴趣。精神分析师的兴趣并非集中在精神症病人身上的各个部分，甚至不在病人受到精神困扰的那部分，而是必然关注着病人的整个人格。既然精神分析师想要了解病人人格的完整结构，既然精神分析师不可能随随便便就知道病人人格结构中的哪部分更重要，哪部分比较次要，那么他的注意力就必须尽可能多地吸收、掌握更多的因素。

认识、了解病人的潜意识动机是精神分析师的目的，而这一目的又是精神分析师进行特定分析观察的缘由。这是精神分析师的观察和其他普通观察的主要区别。在普通的观察中，我们也能觉察到一些潜在的影响，但是，这些影响仍然多少带有不确定性，甚至无法系统阐述；而且，一般说来，我们也不需去区分它们是由我们自己的精神因素决定的，还是由被观察者的精神因素决定的。然而，精神分析师的种种特定观察却是分析过程中一个不可缺少的部分。病人在自由联想过程中所揭露出来的种种潜意识，要依靠它们来进行系统研究。对于病人联想中的这些潜意识因素，精神分析师会专心倾听，小心谨慎地把自己的注意力均等地分配到每一个细节上，避免草率地选取出其中任何一个。

精神分析师的一些观察所得，很快就会条理化、系统化。就像我们在浓雾笼罩的风景中也能看到一栋房子或一棵树大概的轮廓，精神分析师想要迅速诊断出某种普通性格品质毫无困难。但是，他观察所得的大部分，却像是一座由诸多看上去似乎没有联系的条目构成的迷宫。那么，精神分析师要怎么做，才能实现对该性格品质的了解呢？

在某些方面，精神分析师的工作可以拿来跟推理故事中的侦探做比较。然而，有必要强调，侦探要做的是收集证据，找出犯罪分子。精神分析师要做的，却不是关注病人的缺点，而是指导神经症病人正视现实。此外，精神分析师要面对的也不是所有有犯罪嫌疑的人，而是一个人身上众多的驱使力。我们只是质疑这些驱使力的阻抗作用，而并不认为它们不好。通过对每一个细节进行专注的、理智的观察，精神分析师能收集到所需要的线索，不时地看到一个可能的联系，并且描绘出一幅暂时性的图画。但是，精神分析师不会仓促确定自己的解决方案，而是会一遍遍反复检查，确认自己是否真的没有遗漏任何一个因素。在推理故事中，会有一些人和侦探一起工作，他们中有些人只是表面如此，暗地里却在阻碍侦探的工作，有些人则明确地想隐藏起来，而且一旦发现受到威胁，就变得具有攻击性。同样，在分析过程中，一部分神经症病人愿意与精神分析师合作——这是一个必不可少的条件——还有一部分神经症病人认为精神分析师能够承担所有的工作，甚至还有一部分则会竭尽全力躲避或误导精神分析师，并且在面临着被发现的危险时，会惊慌失措、充满敌意。

正如前一章所描述的，精神分析师主要是从病人的自由联想中获得对其潜意识行为和反应的了解。普遍地说，病人意识不到自由联想所呈现出的事物的含义。因此，为了将病人展露在自己面前的、大量的、有差异的因素，组成一幅清晰的图画，精神分析师不仅必须倾听病人所讲述的那些明显的内容，还要努力了解病人真正想要表达的内容。他要想办法抓住贯穿于这堆看上去似乎毫无规则的材料之中的那条红线。有时，如果这其中牵涉到的未知因素数量过多，精神分析师的这种努力也会失败。下面，我们举几个简单的例子。

一名病人告诉我，他一个晚上都没有睡好，而且感觉比以前更郁闷。他的秘书患上了流感，这不仅打乱了他的工作安排，而且还让他因为害怕被感染而心烦意乱。然后，他又谈到欧洲小国受到的可怕的不公正待遇。接着，他想到一位医生，这位医生没有告诉他关于某种药物成分的详细信息，这让他恼怒不已。接下来，他脑海中浮现出来的是一位裁缝，这个人未能按约交付一件外套。其实，他所担心的问题都属于公众论题。

上面这个病例说明，不顺心的事情给人带来的烦恼。这位病人在讲述了秘书的疾病之后，又举出了裁缝不可靠的事例，体现的是他以自我为中心的本性，在该病人眼中，这两种行为都是针对他的人身攻击。秘书的流感引起了他对传染的畏惧这一事实，并没有让该病人想到自己应该克服这种畏惧。相反，他却期望世界将一切安排好，不再引起他的畏惧。世界应该满足他的需要。此时，不公平的主题出现了：别人不满足他的期望，那就是不公平。既然他害怕传染，那么，他周围的所有人就不应该生病。这样一来，别人就应该对他所处的困境负责了。对于这些影响，他感到非常无助，就像欧洲小国无力抵抗侵略一样（实际上，他无法协调各种角色之间的矛盾）。在这个病例中，有关医生的联想也具有特殊的意义。这一联想也暗示了没有实现的期望。此外，它还涉及了对我的不满，因为我没有为他的问题提供一个明确的解决方法，而是四处摸索，还期望得到他的配合。

另举一个简单的病例。一个年轻女孩告诉我，购物的时候，她感觉自己心跳得厉害。虽然她心律不齐，但她不明白，既然自己可以连续跳几个小时的舞也不会感到异样，为什么购物会影响到它。她也找不到任何心理原因，可以用来解释这种心跳。她买了一件质地优良的漂亮上衣，送给自己的姐姐作为生日礼物，而她也为此感到高兴。她兴奋地想象着，姐姐会多么喜欢这件上衣，会如何赞美这件礼物。实际上，她为了买这件礼物倾尽了所有积蓄。她经济拮据，因为她刚刚偿还了所有的债务，或者，不管怎样，她都必须做好安排，在未来几个月内还清所有债务。她谈到这一点的时候，带着明显的自我赞赏。那件上衣是如此漂亮，她自己也想拥有它。然后，她似乎是改变了话题，大量对姐姐的不满、牢骚出现了。她痛苦地抱怨姐姐是如何干涉自己的生活，如何毫无意义地责骂她。这些不满和一些贬义性的话语掺杂在一起，让姐姐看起来比她低劣很多。

明眼人一看就能明白，这些潜意识的情感片段昭示着病人对姐姐的矛盾感情：一方面这个病人想赢得姐姐的爱，而另一方面这个病人又对姐姐充满了怨恨和不满。在购物的时候，这一矛盾表现得尤为突出。爱的一方面表现在坚持购买礼物方面，而恨则因为此时受到了压抑，所以拼命抗拒想要争取自己的地位。导致的结果就是心跳加速。这样相互矛盾的对立情感之间的冲突，并非一定会引起焦虑。通常情况下，对立情感中的一种会受到压抑，或两者都退让，找到折中解决办法。在此，就像病人的自由联想所显示的，两种对立的情感没有哪一种是一直受到压抑的。爱和恨，都处于意识层面，就像跷跷板的两头，一种情感上升起来，为病人所察觉，另一种也就平息了下去。

仔细审查，这些自由联想还揭露了更多细节。自我赞赏的主题在自由联想的第一个片段中表现得很露骨，而在第二个片段中则是含蓄地重现。她对姐姐的贬低性话语不仅表现出了她弥漫的敌意，而且还有助于张扬自己的光彩，让姐姐相形见绌。让自己优越于姐姐的倾向，很显然贯穿于整个自由联想的过程中，实际上，病人一直在不停地——尽管并非故意——拿自己的慷慨大方和无私奉献的爱跟姐姐的恶劣行径做对比。自我赞美和抗拒姐姐之间的紧密联系，暗示了这种可能性："胜过姐姐"的需要，是发展、维护自我赞美的一个必要因素。这一设想也让在商店里发生的冲突更为清楚。购买昂贵上衣的冲动表现的不仅是一种程度上的、一个为了解决冲突而作出的高尚决定，而且还是一种建立自己超过姐姐的优势地位的意愿。为了赢得姐姐的称赞，她更富爱心，更乐于奉献，更宽以待人。另外，通过送给姐姐一件比自己的上衣更漂亮的上衣，这个病人实际上就是把自己放在了一个"优越"的位置上。为了理解这一点的重要性，应该注意的是：谁的着装更好这个问题在抗拒斗争中扮演着重要角色，例如，病人过去经常穿姐姐的衣服。

相对而言，认识这几个病例的精神分析过程都比较简单，但却清楚地告诉我们，任何一个观察结果都不可以轻视。就像病人应该毫无保留地将进入自己脑海的所有事情都表达出来一样，精神分析师也应该把每一个细节都看作是潜在的具有重要意义的线索。精神分析师不能随便舍弃任何一个他认为是不相关的观察，而应该毫无例外地严肃对待每一个观察结果。

此外，精神分析师还应该不断地追问自己：病人的这一特定情感或想法，为什么刚好在这时出现？在这一具体的背景中，它有什么含义？例如，病人对精神分析师表露出来的友好情感，在一种背景下，可能意味着病人对精神分析师给予自己的帮助和理解的真诚感谢；在另一种背景下，可能暗示了病人的情感需求增强了，因为在前一个精神分析阶段，一个新问题的解决引发了病人的焦虑；在第三种背景下，可能是病人想要从身体和灵魂两方面占有精神分析师的欲望的表达，因为精神分析师发现了病人的一种冲突，而他认为可以用"爱"来解决该问题。在前一章引用的一个病例中，精神分析师被病人比作盗贼或骗子，不是因为病人对精神分析师怀有难以化解的怨恨，而是出自这一特殊的原因：在上一次的精神分析阶段，病人的自尊心受到了伤害。有关欧洲小国受到不公正待遇的联想，在另一个背景下，可能就有不同的含义——例如，对受压迫者的同情。只有把病人对秘书生病的苦恼和其他联想联系起来观察，我们才会明白，他的话语揭示的是：如果期望没有实现，他感受到的不公是多么强烈。如果精神分析师没有观察到，一种联想与前后联想以及与病人之前的经历之间的准确联系，那么，不仅可能导致错误的理解，而且还有可能让他失去一种机会，一种能让他了解到病人对某一特定事件的反应的机会。

梳理一段关系的自由联想，并不需要很长的时间。有时，只包含两条话语的联想链也能开辟出一条通往理解的道路，当然，前提是这条联想链不是出于计划、思想，而是自发生成的。

例如，一名前来寻求自我分析的病人，总是感觉疲惫而且心神不安，他的第一次自由联想没有收到任何效果。前一天晚上，他一直在喝酒，我问他是否宿醉，他否认了。他的最近一次分析收获很大，因为我们发现了这一事实：他害怕可能的失败，所以畏惧承担责任。于是，我问他，对于已经取得的成就，他是不是感到很满足。听到这句话，他脑中浮现出母亲拉着他参观多家博物馆的记忆，以及他对这段经历的厌恶和苦恼。这次分析只有一条联想，但它却揭露了真相。它部分地回答了我关于他是否满足于既得成就的问题。在此，我就跟他的母亲一样可恶，把他从一个难题推向了另一个难题。（这个反应很能说明他的个性特征，因为他对任何类似于强迫的事情都极度敏感，尽管与此同时，他处理问题的主动性也会受到压抑。）在他意识到自己对我的气恼，意识到自己那种强烈的抗拒情绪仍然存在之后，他发现可以自由地感受、表达另一种情绪了。这种情绪的重点是：自我分析比博物馆的经历更糟糕，因为它意味着必须面对接二连三的失败。随着这次联想，他无意之中又拾起了前一次分析的线索，也就是揭露他对失败高度敏感的线索。这引起了对前一次发现的进一步发挥，因为这件事表明，对这名病人而言，他个性中的任何因素，只要妨碍他顺利、有效地行动的，就都意味着"失败"。因此，他认识到这阻碍了精神分析师的治疗。

同一名病人在另一个时间再次来到诊所时，情绪十分低落。前一天晚上，他遇到一位朋友，对方跟他讲述了攀爬瑞士帕鲁峰的经历。这番话唤起了他对一段时光的记忆，那时他也是在瑞士，但是在他可以自由支配的那段时间里，帕鲁峰始终笼罩着浓雾，所以他没能爬成那座山。那段时间，他一直狂躁不安，而前一天晚上，他当时感到愤怒又燃烧了起来。他躺在床上数个小时，一直在制订种种计划，谋划着自己应该如何坚持意愿，应该如何克服诸如战争、金钱、时间等所有困难。甚至在入睡之后，他的思想仍然在跟阻碍自己计划的诸多障碍进行斗争，醒来之后，他感到十分沮丧。在这次分析阶段，他的脑海中出现了一幅看上去似乎不相关的图画，画面上是一个美国中西部城镇的郊区，对他而言，那个地方就是单调、乏味和荒芜、凄凉的象征。这幅心智图像表现出了，在那时他对人生的感触。但是，这之间又有什么联系呢？如果没有攀爬过帕鲁峰，他的人生就是荒凉的吗？在瑞士的时候，他热切渴望去爬帕鲁峰，事实确实如此，但是，这一特定意愿的受挫，根本不能解释他现在的抑郁。登山不是他的爱好，而帕鲁峰的那个插曲又发生在多年以前，从那以后他就已经忘了此事。因此，实际上困扰他的并不是帕鲁峰。平静下来以后，他意识到，自己现在甚至根本不想去爬那座山。瑞士经历的再次出现，意味着一些深刻得多的东西，它打破了一个虚幻的信念：只要他确立了要实现一事的意愿，他就能够做到。任何无法克服的障碍对他而言，都意味着自己意愿的挫败，即使那一障碍就像山上的大雾，远非他能控制。关于美国中西部城镇荒凉郊区的联想，表明他将极其重要的意义加在了自己的纯意志力信念上。这意味着，如果他必须放弃这一信念，人生也就失去了活下去的理由。

在病人提供的信息中，那些重复的主题或连续发生的事情，对于精神分析师的理解，帮助尤大。如果病人的自由联想总是以一种含蓄的迹象结束，而这些迹象又都证明了病人具备出众的智力或理性，或证明了病人在各方面都是一个优秀的人，那么，精神分析师就把这种情况理解为：病人的信念是，他认为自己拥有上述那些优秀品质，而这种信念对他而言具有至高的情感价值。

一名不放过任何机会来证明分析对自己造成了伤害的病人，跟一名利用一切时机强调自己的症状得到改善的病人，会把精神分析师引向不同的推测方向。在前一种情况下，如果病人遭到伤害的证明，与他受到不公正待遇、受到伤害或欺骗的重复言论相一致，那么精神分析师就会开始留意病人内心的这些因素：这些因素能够解释为什么病人经历的大部分人生都完全采用这种方式，而且也说明了这种态度所引起的结果。重复的主题既然能够揭露一些典型的反应，那么，它们也能提供一条线索，帮助我们了解为什么病人的诸多经历常常遵循某一固定的模式；例如，为什么病人经常满腔热情地开始一项计划，却很快就放弃了；或者，为什么病人经常因为同样的原因，对朋友或爱人感到失望。

即使是病人的抵触性话语，精神分析师也能从中发现有价值的线索，而且，病人的神经症结构中存在多少抵触，就必定会显露出来多少。这一点同样也适用于病人言辞中浮夸的部分，例如病人表现出的暴力、感激、羞辱、怀疑等种种反应，实际上跟他所受到的刺激因素是不相符的。不管什么时候，这种反应过剩都意味着病人内心存在一个潜在的问题，它会引导精神分析师去探寻刺激因素对病人的情感价值。

作为一种了解病人神经症人格的方式，梦和幻想也具有突出的重要性。由于它们是潜意识情感和追求的相对直接的表达，所以梦和幻想能够为我们开辟出一条了解之路，而这条路原本是很难找到的。实际上，有些梦非常容易理解，但是它们通常会使用一种含义莫名的语言来表达自己，这种语言只能依靠对自由联想的分析，才能为我们所理解。

病人从配合转向或这或那防御策略的那个特定点，为我们了解病人病况提供了另一种帮助。随着对这些防御产生原因的逐步探明，精神分析师对病人的独特性也获得了越来越多的了解。有时，病人的敷衍或抵抗，以及他这么做的直接原因，都是显而易见的。更多的时候，精神分析师需要敏锐的观察，才能发现存在的某种阻力，精神分析师必须要依靠病人自由联想的帮助，才能去了解这种阻力，找到它存在的原因。如果精神分析师成功地了解了这种阻力，他就能更深入地认识伤害或威胁病人的确切因素，认识这些因素所引起的反应的确切性质。

病人省略的，或刚一谈及就放弃了的那些主题，也同样具有启发性。例如，一名病人原本对任何事情都吹毛求疵，但是他却严格避免说出一些对精神分析师的批判性想法，这时，精神分析师就可以从中得到一条重要线索。再举一个类似的病例，一名病人在前一天经历了一件事情，他为此而心烦意乱，但是他并没有把这一具体的事情说出来。

在所有这些线索的帮助下，精神分析师逐渐获得了一幅关于病人过去和现在人生的清晰图画，也获得了一幅支配病人人格运转的种种驱使力的图画。而且，它们有助于了解在病人与精神分析师、与分析情境之间的关系中运作的那些因素。出于一些原因，尽可能准确地了解这种关系，是十分重要的。首先，例如，如果病人心中隐藏着一种未被察觉的对精神分析师的愤恨情绪，那么，它就会抗拒分析，导致分析完全无法进行。如果病人心中怀着对倾诉对象的无法释怀的怨恨，那么，即使怀着最美好的愿望，他也不可能自由、自然地表露自己。其次，由于病人对精神分析师的发现、反应的方式，不可能跟他对其他人的方式不同，所以，他在其他关系中表现出来的荒谬的情感因素、不理性的追求和反应，同样也会出现在分析的过程中。因此，精神分析师和病人一起对这些因素进行合作研究，能让精神分析师了解病人在其普通人际关系中的神经症，而正如我们已经看到的，这些神经症是研究整个神经症的关键所在。

实际上，可以帮助精神分析师逐渐了解病人的神经症结构的线索，几乎是无穷的。但是，有很重要的一点需要提及：精神分析师利用线索的时候，不仅通过精确的推理方式，而且在一定程度上还凭借直觉。换言之，对于自己是如何得出试验性的推测的，精神分析师不可能每次都作出精确的解释。例如，在我自己的工作中，我有时会通过自己的自由联想获得一种了解，在倾听病人讲述的时候，病人很久以前告诉过我的一件事情可能会浮现在我脑海中，当时我毫无准备，并不知道它会对眼前的情境造成什么影响。或者，也有可能，关于另一名病人的一种感觉会突然涌现在我心头。我已经学会了绝不摒弃这些联想，而且经过认真的检查，常常会证明它们的价值。

当精神分析师已经诊断出了一种可能的联系，当他已经获得了在一定范围内发挥作用的某些潜意识因素的印象，他就会把自己的理解告诉病人——如果他认为这样做合适的话。由于我们并不是要讨论自我分析的技巧，而且，在自我分析中，时机掌握的技能和给予解释的技能是不相关的，所以，在此，只将精神分析师认为病人可以接受、可以利用的解释提供出来，也就足够了。

解释是对于一些可能的含义的建议或意见。就其本质而言，解释多少都带有试验性，而病人对它们的反应也各不相同。如果一个解释在本质上是正确的，那么它可能就会切中要害，而且能刺激到联想，揭示出更深一层的含义。或者，病人可能会对它进行彻底的检验，逐渐修正，使其符合自己的标准。一个解释即使只有部分正确，假如病人合作，它也能因此而引发出新的思想趋势。但是，解释也可能会引发焦虑或防御性反应。此处这个问题，跟前一章有关病人对自我认知反应的讨论密切相关。无论病人的反应如何，精神分析师的任务就是了解这些反应，并从中获得有用的信息。

自我分析在本质上是一项合作性工作，精神分析师和病人都要下定决心了解病人的障碍。病人尽己所能向精神分析师敞开心胸，而正如我们已经看到的，精神分析师则需认真观察、努力了解，并且在恰当的时候向病人作出解释。然后，精神分析师会就这其中可能的含义给出自己的意见，双方共同努力，对这些意见的正确性进行彻底的检验。例如，他们会识别一种解释是只在当前情境中才正确，还是具有普遍价值；一种解释是任何时候都适用，还是只在一些情境中才正确。只要这种合作精神为精神分析师和病人双方所接受，精神分析师想要了解病人、将自己的发现传达给病人，就变得相对容易些。

用专业术语来说，真正的困难会出现在病人产生抗拒的时候。这时，病人就会想方设法地拒绝配合。对于约定的精神分析，他要么迟到，要么故意忽视。他想要暂停分析几天或几个星期。他对与精神分析师的协同工作失去了兴趣，只想得到精神分析师的喜欢和友情。他的自由联想变得浅薄、无效，而且避实就虚。对于精神分析师所提的建议，他不仅不愿意检验，反而对其充满了厌恶，他发现自己受到了指责、伤害、误解、羞辱。怀着一种顽固的绝望感和徒劳感，他可能会拒绝任何帮助。从根本上讲，这种绝境产生的原因在于，病人无法接受一些自我认知，因为它们太令人痛苦、太令人惊恐，而且这些自我认知会逐渐削弱病人所珍重的、无法放弃的那些幻想。因此，病人会用尽方法，极力摆脱这些自我认知，尽管他并不知道自己努力避开的，是那些令人痛苦的自我认知，他所知道的，或他自以为知道的，仅仅是自己不被理解，或蒙受了羞辱，或自己所做的工作徒劳无果。

目前为止，从整体的角度来讲，精神分析师基本上都是跟随着病人的脚步。当然，精神分析师提出的每一个建议，都可能带有引导性质，都隐含着一定的指导作用，例如，通过解释引出一种新的观点、提出一个问题、表达出一种怀疑等等。但是，大部分时间，主动权都掌握在病人手中。然而，在一种抗拒发展起来之后，解释性的工作和含蓄性的引导可能都无法满足需求，这时，精神分析师就必须果断地担负起引导的工作。在此期间，精神分析师的任务首先是诊断出抗拒本身，其次是帮助病人诊断出这种抗拒。而且，精神分析师不仅必须帮助病人看清其自身正陷于一场防御性战斗的现状，而且还要帮助病人找出——无论有没有病人的帮助——他正在逃避的是什么。精神分析师做到上述工作的方法如下：通过回忆前几次精神分析阶段的情况，努力找出在抗拒产生的这个精神分析阶段之前，病人受到了什么打击。

这一点有时很容易做到，但有时也可能非常困难。抗拒产生的初期，可能是不易察觉的。精神分析师可能还没有觉察到病人的弱点。但是，如果精神分析师能诊断出一种抗拒的存在，并且能成功地说服病人，让他认为自己的精神里有一种阻碍在对他施加影响，那么，通过协同合作，共同探索，常常就有可能发现抗拒的根源。这一发现带来的直接收获是：进行下一步工作的障碍清除了。此外，对一种抗拒根源的了解，还为精神分析师提供了有关病人想要隐藏的因素的重要信息。

在病人已经获得了某种具有深远意义的自我认知的时候——例如，在他成功地发现了一种神经症人格倾向，并且诊断出了它的一种至关重要的原始驱使力的时候——精神分析师的积极引导很可能就尤其必要。这可能是一个收获的时刻，很多以前的发现理出了头绪，神经症人格倾向下一层的分支也变得清晰起来。然而，更常见的情况是，正是在这一时刻，病人产生了一种抗拒，这其中的原因我们已经在第三章讲过了。他可以用各种各样的方法做到这一点。他可能会潜意识地寻找、表达一个现成的解释。或者，他可以用一种多少有些狡猾的方式，贬低上述发现的重要性。他可以下定决心，依靠纯粹的意志来控制这一趋势，尽管这种方法让人想到往地狱的方向铺路。最后，他可能会贸然提出问题：为什么他被这种趋势所控制，他追根溯源，探究自己的童年，充其量只找到一些有助于了解这一趋势根源的相关资料，因为实际上，他是把追溯过去当作是一种手段，用来逃避去认识所发现的这一趋势对她的实际生活意味着什么。

我们可以理解神经症病人为了避免某种自我认知而做的这些努力。毕竟，对任何人而言，要面对下面这一事实都是十分困难的：自己把全部的精力都耗费在了对一种幻影的追求上。更重要的是，这种自我认知会逼迫他去面对彻底改变自己的必要性。对于这种打破自己整体平衡的必要性，病人想要闭上眼睛逃避此事，这是最自然的反应。但是，事实却是，病人的这一仓促躲避，妨碍了自我认知的继续"深入"，也因此，他享受不到自我认知可能带来的种种利益。在此，精神分析师能够提供的帮助是，把握领导权，发挥引导作用，向病人揭示他的畏缩策略，让病人看清自己行为的本质，同时鼓励病人详细探究这一趋势对自己的生活所造成的所有结果。正如前面提到的，任何一种趋势，只有在病人能够完全、彻底地面对它的程度、强度以及各种含义的时候，它才能为病人所处理、应对。

病人深陷原始驱使力和学习驱使力的冲突之中时，他就会潜意识地逃避正当识别，一种抗拒不可避免因此产生，这时，精神分析师需要进行主动引导的另一个点就出现了。此时，病人想要保持现状的趋势可能会再一次阻碍一切发展。他的自由联想可能会仅仅表现为一种往复运动，毫无效用地在冲突的两个方面之间来回移动。他可能会通过赚取同情的方式来谈论自己的需求，迫使别人帮助自己，但是转眼之间，他的自尊心又会阻止他接受任何帮助。精神分析师一开始评论冲突的一方面，他就转移到冲突的另一方面。病人的这种潜意识策略可能很难识别，因为他在实行这种策略的时候，随时都有可能展露出有价值的信息。然而，精神分析师的任务就是诊断出这些逃避性的策略，将病人的行为引向对现存冲突的正当识别上。

在精神分析的后期，应对病人的某种抗拒时，精神分析师有时也必须发挥引导作用。精神分析师意识到，尽管做了大量的工作，病人也获得了不少的自我认知，但其神经症病症却没有丝毫改善，这时，精神分析师可能会受到打击。在这种情况下，精神分析师必须放弃自己解释者的角色，开诚布公地面对病人，将自我认知和改变之间存在的矛盾告诉病人，也许他还要向病人提出问题，以确定病人是否为了保护自己免受任何自我认知的真正触及，而在潜意识中作出了保留。

目前为止，精神分析师的工作都具有智力特征：他用自己的知识来为病人服务。但是，即使精神分析师没有意识到，自己提供给病人的远比自己的专业技能要多，而实际上，精神分析师给予病人的帮助，已经延伸到了他的专项能力所能提供的范围之外。

首先，正是由于精神分析师的存在，病人才能得到这个独一无二的机会，能够意识到自己对他人的态度。在其他的人际关系中，病人很可能会把自己的思想主要集中在对方的独特性上，集中在他们的不公正、自私、违抗性、歧视、不可靠、敌意等上；即使病人意识到了自己的反应，他也会趋向于认为这些反应都是由别人引起的。然而，在精神分析中，这种因人而异的复杂情况几乎完全不存在，不仅因为精神分析师已经对自己做过自我分析，而且仍在继续进行自我分析，还因为精神分析师的生活没有和病人的纠缠在一起。精神分析师和病人这种毫无瓜葛的关系，将病人的种种特性，从平时包围着它们的、使它们难以辨认的环境中分离了出来。

其次，出于友好的兴趣，精神分析师给予了病人大量的我们所说的一般人性援助。从某种程度上讲，这种援助跟知识帮助是不可分离的。因此，精神分析师想要了解病人这一简单的事实，就暗示了精神分析师很重视病人。这件事本身就是一种头等重要的感情支持，尤其是在以下这些境况中：在病人受到畏惧和怀疑的折磨的时候，在病人的弱点暴露出来、自尊心受到攻击、幻想受到破坏的时候，因为病人常常离自我太远，所以无法认真对待自己。这种情况听上去可能难以置信，因为大多数神经症病人都把自己看得过分重要，无论在他们的独特潜力方面，还是在他们的独特需求方面。但是，把自己看得重于一切，和重视自己完全不同。前一种态度源于膨胀的自我，而后一种则源于真实的自我，跟真我的发展有关。神经症病人经常用"慷慨无私"来为自己的缺乏严肃找理由，或把自己的所作所为合理化成这种论点：过多地考虑自己是可笑的，或是自以为是。这种对自己的根深蒂固的漠视，是自我分析的最大障碍之一，相反，专业性分析的最大优势之一在于这一事实：专业分析意味着与他人协同工作，对方的态度能够激发起病人的勇气，使其善待自己。

病人受到一种焦虑控制的时候，医患双方的协作就显得至关重要了。在这种情境中，精神分析师极少会直接安慰病人。但是，不管精神分析师解释的内容是什么，单单是自己的焦虑被当作一个特定问题来处理，而且最终能够得到解决这一事实，就能够缓解病人对未知的恐惧。同样，在神经症病人感到沮丧气馁、想要放弃努力的时候，精神分析师为他做的，也远远不止解释。精神分析师会尝试着将病人的这种态度理解为某种冲突的结果。只是精神分析师的这种尝试，就是对病人的极大支持，比如拍拍肩膀或努力地说一些励志的话。

还有另外一些情况，精神分析师的人性援助也很重要。比如下面这种情况：病人赖以建立起自尊心的虚构基础产生了动摇，而病人也开始怀疑自己。原本，病人失去了有关自己的有害的幻想是一件有益的事情。但是，我们一定不能忘记，在所有的神经症中，坚定的自信都受到了极大的损害。取而代之的，是虚构的高人一等的观念。然而，深陷于自身战斗中的病人，无法将这两者区分开来。对病人而言，他膨胀的想法遭到破坏，就意味着他的自信心受到了损毁。因此，病人会意识到，他并不是自己所以为的那样神圣、仁爱、强大、独立，他不能接受一个失去了荣誉的自己。这时，即使他已经不相信自己了，他也仍然需要一个信任他的人。

简而言之，精神分析师给予病人的人性援助，类似于朋友之间相互给予的那种感情：情感支持、鼓励、关心对方的幸福。这可能是病人第一次体验人与人之间理解的可能性，可能是第一次有另一个人不惮其烦，了解到他并非仅仅是一个居心不良、猜忌多疑、愤世嫉俗、强人所难、虚张声势的人，并且，即使清楚地认识到他有这些倾向，仍然喜欢他、尊重他，把他当作一个努力奋斗、积极进取的人。而且，如果得到证明，精神分析师是一位可以信赖的朋友，那么这段美好的经历可能还会帮助病人重新拾起对他人的信心。

既然我们在此关注的是自我分析的可能性，那么，回顾一下精神分析师的这些功能，细看一下，它们在何种程度上可以为病人独立工作时所采用，是很有必要的。

毫无疑问，一个受过训练的局外人对我们的观察，比我们自己对自身的观察要精确得多，尤其是考虑到在与己相关的情况下，我们对自身的观察远远做不到不偏不倚。然而，基于已经讨论过的事实，我们对自己的观察还具有一项优势，即，比起外人，我们自己对自身更加熟悉。我们从自我分析中已经获得的经验，确凿无疑地表明：如果某个精神症病人倾向于了解自身的问题，那么他就能发展起来一种令人惊奇的、敏锐的自我反省能力。

在自我分析中，了解和解释是一个过程。精神分析师由于具有工作经验，所以比起独立进行分析的病人，他能够更快地抓住观察资料中蕴含的可能的含义和重要性，这就像一名优秀的机修工能更迅速地找出一辆汽车的故障一样。一般说来，精神分析师的了解也更全面，因为他能抓住更多的隐含意义，能更容易地诊断出已经获取的种种因素之间的相互联系。在这个方面，病人的心理学知识，尽管肯定无法替代日复一日致力于心理问题研究所获得的经验，但是，它还是能够给予一定的帮助。不过，就像在第八章将要论证的事例，病人想要抓住自己观察数据含义的意图是完全有可能实现的。无可否认，病人的进展可能会更缓慢，也达不到精神分析师的那种精准度，但我们应该牢记，决定专业分析进度的，主要也是病人接受自我认知的能力，而非精神分析师的理解能力。在此，我们应该记住弗洛伊德对刚开始接诊病人的

年轻精神分析师的寄语。弗洛伊德指出，年轻的精神分析师不应
太过担心自己评价自由联想的能力，因为自我分析中真正的困难
不在于智力理解，而在于如何处理病人的抗拒。我认为，这一点
对自我分析而言也同样适用。

病人能够自行克服自己的抗拒吗？自我分析是否具有可行
性，就依赖于这个问题的答案。尽管如此，跟凭自己的力量重新
振作相比较——这是必定会发生的——自我分析看上去似乎无法
保证，因为自我的一部分是独立行动的。当然，自我分析是否可
行，不仅取决于抗拒的强烈程度，还跟病人克服这些抗拒的动机
的强度有关。但是，真正重要的是——这个问题我会在后面的章
节中再回答——它能够达到什么程度，而不是它究竟是否可行。

还存在另一个事实：精神分析师并不仅是一个解释的声音，
他还是一个人，而且他和病人之间的关系是治疗过程中的一个重
要因素。对于这一关系，我们已经指出了两个方面的优点。其
一，通过与精神分析师一起观察自己的行为，它为病人提供了一
个独一无二的特殊机会，让病人可以研究自己对其他普通人的典
型态度。如果病人学会了在平素的人际关系中观察自己，那么这
一优点就可以完全被取代。病人在与精神分析师协同工作时所展
现出来的种种期望、畏惧、弱点以及抑制等，跟他在与朋友、爱
人、妻子、孩子、雇主、同事或仆人的关系中所展现出来的，并
没有根本性的不同。如果他想认真识别自己的特性进入所有这些
人际关系的方式，仅凭他是一个社会人的事实，他就能获得充足
的自我探究的机会。

但是，病人是否会充分利用这些信息资源，自然就是另一个
问题了。毫无疑问，当病人试图估计在自己和他人的紧张关系中
自己所应承担的份额时，他面临的会是一项艰巨的任务，比他在

分析情境中所承担的任务要艰巨得多。因为在分析情境中，精神分析师的个人因素是可以忽略不计的，所以病人很容易就能看到由自己所引起的障碍。而在普通的人际关系中，其他人身上都充满了其自身的独特性，即使病人怀着最诚挚的意图，想要客观地观察自己，他也会很容易就把彼此关系中出现的不和与冲突归咎到他人身上，而把自己视为无辜的受害者，或至多，他自己只是对他人的蛮不讲理作出了一种合理反应。在后一种情况下，病人不一定会愚钝到放肆地公开指责他人。他可能会以一种看上去合理的方式承认，自己易怒、阴郁、不正直，甚至不讲信用。但是背地里，他却把这些态度当成是回应他人对自己的冒犯行径的合理而恰当的反应。病人越是不能容忍、正视自己的缺点，并且由他人所带来的障碍因素越是严重，他失去从识别自己的障碍中获得益处的危险就越大。而如果他想通过美化别人、诋毁自己，向相反的方向夸大，具有完全相同性质的危险也会产生。

病人与精神分析师的关系中还有另外一个因素，比起病人与他人的关系，更能让他很容易地看到自己的特性。病人的种种妨碍性品质——他的缺乏自信、依赖性、傲慢、恶毒、最微不足道的伤害也能让他噤若寒蝉，想要逃离现实，或诸如此类任何可能的情况——总是和他的最佳自我利益背道而驰，不仅因为它们使得他和别人的关系不尽如人意，而且还因为它们让他对自己也产生了不满。然而，在病人和他人的日常关系中，这一事实往往模糊不清。病人发现，依赖他人、实施报复、打败别人能给自己的心灵带来安慰，因此，他不愿意去确认自己正在做的是什么事情。在精神分析中，同样的特性会表现得十分明显，会公然违背他的切身利益，因此病人想要蒙蔽自己的双眼、逃避这些特性的欲望就能得到相当程度的遏制。

不过，病人想要克服在研究自己对他人行为时遇到的情感障碍，这一意愿虽然存在困难，却完全是在可行的范围内。正如我们将在第八章举出的自我分析案例中所呈现的那样，克莱尔通过仔细检查自己和爱人的关系，进行自我分析，从而摆脱心理依赖。在克莱尔身上，上述两种障碍都达到了相当严重的程度。克莱尔的爱人也有神经病人格障碍，而且至少和她本人的一样严重；同时，她既心生忧虑，又抱以期待。可以肯定的是，从克莱尔的角度来看，她承认自己的爱实际上是一种心理依赖。对她而言，这些神经症引发的焦虑和期待至关重要。

病人与精神分析师关系的另一层意义在于，精神分析师能给予病人或外显或内隐的人情关怀。在自我分析中，精神分析师提供的其他援助或多或少都可以替代，而人情关怀则与之相反，从定义上就能看出，人情关怀在自我分析中是完全缺失的。如果进行自我分析的神经症病人足够幸运，能够和一位善解人意的朋友一起讨论自己的发现，或能够不时地跟一位精神分析师分享自由联想，那么，在精神分析的阶段，他就不会感到孤独。但是，这两种情况都只是权宜之计，都不能完全代替医患双方协作时，所创造的隐形价值。如果在精神分析的过程中缺乏人情关怀，那么就会加大精神分析的难度。

第六章

不定期的自我分析

不定期地进行自我分析比较容易，有时还会产生立竿见影的效果。从本质上说，这是每一个真诚的人在试图对自己的感情或行为背后的真正动机作出解释的时候，都会做的事情。偶尔的自我分析，并不需要对自我分析有很深的了解。一个爱上一个特别有魅力或特别富有的女子的男子，可能会问自己这样的问题：虚荣或金钱是否在自己的情感中产生了一定的影响。一名在争论中忽视自己优秀的判断力，而向自己的妻子或同事让步的男子，可能会扪心自问：自己的屈服是认为所争论的问题无足轻重，还是自己害怕若不屈服便会引来争吵？我认为，人们常常用这种方式反躬自问，而且这样做的人很多，否则他们就会彻底拒绝精神分析。

不定期自我分析的主要范围，不在于神经症人格结构的种种复杂情况，而在于严重的症状。通常情况下，神经症因让人感到痛苦的特性，要么引起我们的好奇心，要么吸引我们的即时关注。所以，本章讲述的事例涉及一例功能性头痛，一例急性发作的焦虑，一例律师在公众场合怯场，一例急性功能性肠胃不适。但是，一个令人吃惊的梦，忘记了的一个约会，或对出租车司机微不足道的欺骗行为过度恼怒，也有可能引起想要了解自己的意愿——或者，更精确地说，引起想要找出为那一特定行为负责的原因的意愿。

后一种区分看上去可能过分吹毛求疵，但实际上，它表现了不定期解决一个问题和系统自我分析之间的重要差异。不定期自我分析的目的是，诊断出那些引起每一个具体神经症的因素，并将其消除。广义的激励，即让自己得到更好的训练，以有能力应对日常生活的意愿，在此可能也发挥了作用，但是，即使它产生了一定的效果，也是仅限于力求减少由一些畏惧、头痛或其他麻烦所造成的障碍的意愿上。这与把人的能力发展到最佳状态的，那种深刻得多、积极得多的愿望形成了对照。

正如这些病例将要说明的，引发病人进行检查尝试的那些神经症，可能是急性的，也可能是慢性的。它们可能主要来自某一情境固有的实际困难，也可能是一种慢性神经症。这些神经症能否通过捷径解决，还是需要通过更深入更具体的工作才能解决，要取决于我们稍后将要讨论的内容。

与系统自我分析的先决条件相比，不定期自我分析的前提要求较低。后者只需要少许心理学知识就足够了，而且，这种知识不必是书本知识，也可以是从日常经验中获得的常识。唯一一条不可缺少的要求是，病人要心甘情愿地认为，潜意识因素可能具备相当强大的力量，能够让整个人格失常。消极地讲，轻易满足于对某种障碍随意的解释是不可行的。例如，如果一个人因为被出租车司机骗走了一角钱而极度心烦意乱，那么，他就不应该满足于用"毕竟没人愿意受骗"来安抚自己。如果一个人患严重的抑郁症，对于他的病状是由现实环境引发的这样的解释，精神分析师必须持怀疑态度。习惯性忘记约会的人，仅仅用太忙而记不住这样的借口是无法为自己开脱的。

那些特征不明显的神经症病症，例如头痛、肠胃不适或疲乏，尤其容易为我们所忽视。实际上，对于这些神经症，我们可以观察到两种截然相反的处置态度，两种态度都同样极端、同样片面。一种态度是，不自觉地把头痛归因于天气状况，把疲乏归因于过度劳累，把肠胃功能紊乱归因于变质食物或胃溃疡，甚至从未想过这其中也有精神因素影响的可能性。这种态度可以解释为纯粹的无知，但是对于那些无法容忍任何评价自己不公平或有缺陷的观点的人而言，这就是一种独特的神经症人格倾向。另一种极端态度是，认为每一种病症情绪紊乱都源自精神。他们绝不可能因为工作过度而感觉疲惫，也绝不可能因为暴露在容易感染的环境中而患上感冒。他不能忍受这样的观点：任何外部因素都有可能对他施加影响。如果他患上了一种神经症病症，那也是他本人造成的，如果每一个症状都起源于精神方面，他也完全有能力将其消除。

毋庸置疑，上述两种态度都是强迫性的，最具有建设性的态度是居于两者之间的。我们可能会真诚地对现实环境感到担忧，尽管这种担忧应该让我们有所作为，而不是引发抑郁。我们可能会因为过度劳累、睡眠不足而感觉疲乏。我们可能会因为视力状况不佳或脑肿瘤，而感觉头痛。但可以肯定的是，在进行彻底的调查研究、给出明确的医学解释之前，我们不应把任何一种身体症状归因于精神因素。特别需要指出的是，在充分关注那些貌似有理的解释的同时，我们也应该认真审视一下自己的情感生活。即使我们面对的困难是一例流感，在给予它恰当的医疗诊治之后，考虑一下这其中是否存在一些潜意识精神因素，这些因素是否发挥了作用，使得传染的概率增加，或妨碍了病况痊愈，对我们而言也是很有裨益的。

如果将这些普通的考虑牢记于心，那么我认为，下面这些病例将足以描述不定期的自我分析所涉及的种种问题。

约翰是一位商人，他生性温厚，结婚五年，婚后生活看上去很幸福，他患有弥漫性抑制和"自卑心理"疾病，最近几年，他偶尔感到头痛，并且没有检查出任何器质性病变。此前，他从未接受过自我分析，但他对自我分析的思维方式十分熟悉。后来，他来到诊所，要求我对他的一种相当复杂的性格神经症进行分析。他曾进行过自我分析，这一经历是让他认为自我分析可能具有一些价值的原因之一。

约翰开始对自己的头痛进行分析的时候，并非有意为之。当时，他和自己的妻子以及两个朋友一起去看一场音乐剧，在观看音乐剧的过程中，他的头毫无征兆地痛了起来。这次头痛发作得十分古怪，因为在进剧院之前，他并没有感到丝毫的不舒服。起初，带着一丝恼怒，他把自己的头痛归因于这一事实：这出音乐剧很糟糕，一个晚上的时间都浪费了，但他很快就意识到，一个人不管怎样都不会因为一出糟糕的音乐剧而头痛。他既然回忆起了这一点，随后就发现，这出音乐剧归根结底也没那么糟糕。但是毫无疑问，如果跟萧伯纳的戏剧相比，它就一无是处，而他原本更愿意去看萧伯纳的戏剧。"原本更愿意"这几个词在他脑中回响，就在此时，他发现心头闪过一丝愤怒，随即发现了这其中的联系。之前，他们在讨论这两出戏剧，想要作出一个选择的时候，他的意见遭到了否决。其实那甚至算不上是讨论，他认为自己应该做一个有风度的人，还安慰自己：看哪一出戏剧并没有太大关系。然而，实际上，他很在乎这件事，而且，他因为被迫同意观看自己并不喜欢的戏剧而深感愤怒。取得了这一认知之后，他的头痛便不治而愈。此外，他还认为，这并不是头痛第一次以这种方式发作。例如，有很多桥牌聚会，他并不想参与，但最终却被说服，这种时候也会让他头痛。

发现被抑制的愤怒和头痛之间的这种联系时，他大吃一惊，不过他并没有继续深入思考此事。然而，几天之后的一个早晨，他醒得很早，头再次痛得要裂开一般。此前一晚，他参加了一场部门会议，会后大家又去喝酒。起初，他安慰自己，可能是饮酒过多才引起的头痛。这样解释之后，他本想翻身入睡，却辗转难眠。一只苍蝇在他耳边嗡嗡地叫，让他极为恼怒。起初，这种恼怒几乎不易察觉，但它很快就发酵膨胀变得气势汹汹起来。此外，他还回想起一个梦，或者一个梦的片段：在梦里，他曾用一张吸墨纸压扁了两只臭虫。那张吸墨纸上有很多破洞。实际上，他记住那张纸上布满了破洞，而所有的洞又构成了一幅有规律的图案。

这让他回忆起了一件童年往事，那时他曾折过一张薄纸，并在上面裁剪出了一些图案，那些图案非常美丽，让他为之着迷。接下来他想到的事情是，他把自己的剪纸拿给母亲看，期望得到称赞，但母亲却心不在焉、敷衍了事。然后，吸墨纸让他想起了工作会议。在会上，他因为漫无目的地在纸上乱涂乱画。不，他并不仅是胡写乱画；他画的是一些讽刺会议主席和自己对手的小漫画。"对手"这个词让他大为震惊，因为他从未有意识地把那个人视为自己的对手。会议上要对一个提议进行表决，对此，他隐隐感到不安，却又找不到明确的理由来抗拒它。所以，他提出的抗拒意见实际上完全没有切中要害。他的意见没有说服力，并没有产生什么效果。直到此刻，他才意识到，自己被会议上那些人欺骗了，接受那项决议就意味着他要承担大量的令人厌烦的工作。他们采用的方法十分巧妙，以至于他当时受到了蒙蔽。想到这一点，他突然大笑起来，因为他明白臭虫的含义了。他的对手和会议主席都是剥削者，他们像臭虫一样讨厌。还有，他害怕臭虫，就像害怕那些剥削者一样。不过，他已经报复了那些人——至少在梦里是如此。这样，他的头痛再度缓解。

在随后的三个场合中，只要头痛一发作，他就寻找隐藏的愤怒，而愤怒一旦找到，头痛也就消除了。从此以后，他的头痛就彻底消失了。

回顾这段经历，我们首先会感到惊讶，跟获得的成果相比，付出的劳动是微不足道的。但是在自我分析中，发生奇迹的概率就跟在其他地方一样低。一种症状能否轻易消除，取决于它在整个神经症结构中发挥的作用。在这个病例中，头痛并没有起到更重要的作用，例如，阻止约翰去做那些他害怕或厌恶做的事情；或充当一种手段，向别人证明对方冒犯了自己或对自己造成了伤害；或作为要求特殊照顾的理由。如果头痛或任何其他症状具有上述种种重要功能，那么，要治疗它们就需要长期的、深入的工作。当时，我们对符合这些症状的所有需求都进行分析，而且，只有等到分析工作完全结束，它们才会消失。在这个病例中，约翰之所以感到头痛，是因为他愤怒的情绪受到了抵制，从而导致精神紧张的症状。

约翰在进行头痛的自我分析中所取得的成功，由于另一个原因而大打折扣。消除了头痛确实是一种收获，但在我看来，我们趋向于过高估计这类明显的、具体的症状的重要性，而低估了那些不那么有形的精神障碍的重要性，例如，在这个病例中，约翰对自己意愿和观点的漠视、对自我主张的压抑，这些障碍，虽然以后将证明它们对约翰的生活和发展具有重大意义，但此时，它们并没有因为约翰的分析而发生任何改变。约翰身上发生的全部改变只在于这一点：他更加注意自己心里升起的怒火，还有，他的症状消失了。

实际上，约翰分析过的每一件事，碰巧都能引出比他所得更多的自我认知。例如，他对自己在观看音乐剧期间所产生的愤怒的分析，就有为数众多的问题没有触及。他和妻子的关系真实情况如何？他引以为傲的夫妻和睦，是不是仅仅因为他的妥协呢？他的妻子是一个喜欢支配他人的人吗？或者，他是单纯地对任何类似于强制的事情都精神紧张？还有，他为什么要压抑自己的愤怒？难道他对情感具有一种强迫性需求？他担心受到妻子的指责吗？他必须掩饰自己并非庸人自扰，来维护自己的形象吗？如果必须要为实现自己的意愿而奋斗，他会感到畏惧吗？最后，他真的只要遭到别人的批驳就会感到气愤吗？还是，他主要是在生自己的气，因为自己是如此软弱而不得不妥协？

分析一下约翰在随后的工作会议上产生的愤怒，同样也能揭露出很多更深层的问题。在自己的利益受到损害的时候，他为什么没有更警觉一点？还有，这个问题再次出现：他害怕为保卫自己的利益而进行抗争吗？或者，他的愤怒已经达到了能把臭虫压扁的程度，所以将其完全压制下来才比较安全？还是，他是否太过顺从，使得自己任人剥削？或者，他自以为遭受剥削的那些经历，实际上仅仅是同事想要跟他合作的合理期待？此外，他想要给别人留下深刻印象的意愿——期待得到母亲称赞的记忆——又说明了什么？他没能引起同事的注意这一点，是激起他的愤怒的一个主要因素吗？如果他因自卑而心生愤怒，那么他的神经症到底严重到什么程度呢？这些问题都没有触及。在发现压抑对他人的愤怒所产生的影响之后，约翰就听任事情自由发展了。

第二个病例是让我第一次思考自我分析的可行性的一段经历。哈里是一位内科医生，他因为深受恐慌的折磨而来找我寻求精神分析，他曾尝试用吗啡和可卡因来缓解病情，此外，他偶尔还喜欢炫耀。毫无疑问，他患有严重的神经症。经过几个月的治疗，在哈里外出度假时，他对自己遭受的一次焦虑进行了自我分析。

就跟约翰那个病例一样，这次的自我分析也是出于偶然。这是一次非常严重的焦虑症，从表面上看，它是由一次真正的危险引发的。当时，哈里正和爱人登山。这次攀登虽然有些艰苦，但只要看得清路，就很安全。但是，暴风雪突然降临，浓雾笼罩，他们陷入险境。接着，哈里感到呼吸困难、心跳加速，整个人随之变得恐慌起来，最后不得不躺下来休息。对于这次事件，哈里并没有想太多，只是笼统地将其归因为自己的疲惫和实际的危险。顺便说一下，这是一个典型的例子，它说明了"只要我们愿意"，我们就很容易作出错误的解释，因为实际情况可能是，哈里体格健壮，面对紧急情况的时候也临危不惧，勇于攀登。

他们沿着在山体岩壁上开凿出来的一条狭窄小路行走，看着走在前面的爱人，哈里心头突然闪过一丝念头或者冲动，想要把爱人推下悬崖，意识到这一点时，他的心脏又剧烈地跳动起来。不用说，这件事让哈里大吃一惊，而实际上，他对爱人十分专情。他首先回忆起了德莱塞[1]的小说《美国的悲剧》，在书中，男孩为了摆脱自己的女朋友而将其溺死。然后，他回忆起了前一天恐慌发作的经历，他隐约记起，当时自己也曾有过相同的冲动。那只是一闪之念，而且在其产生之初，他就将其遏制住了。然而，他清楚地记得，在那次发作之前，他对爱人的恼火一直在增长，还发展成了一股雷霆之怒，只是他将其压制了下去而已。

因此，哈里的焦虑发作意味着，对爱人突然萌生的恨意和真诚的爱意之间的冲突，引发了一次暴力冲动。明白了这一点，哈里如释重负，同时也因为自己分析了第一次焦虑发作，并预防了第二次发作而感到自豪。

相比之下，哈里比约翰更进了一步，因为他在意识到自己对心上人有过恨意和谋杀的冲动时，他产生了警觉。继续登山的时

---

[1] 西奥多·德莱塞（Theodore Dreiser, 1871–1945），美国小说家，1930年被提名参选诺贝尔文学奖，代表作品《嘉莉妹妹》《珍妮姑娘》《金融家》《美国的悲剧》。

候，他提出了一个问题：为什么自己会想要杀死她？想到这里，前一天早上和爱人的那场谈话立刻浮现在脑海中。当时，爱人称赞了他的一位同事，因为那个人擅长交际，而且颇具魅力地主持了一场聚会。谈话的内容就这些。显然，这不可能激起他那么大的敌意。然而，在思考这个问题的时候，他火冒三丈。他是在妒忌吗？这解释不通，尽管那位同事比他高，是非犹太裔（他对这两点都非常敏感），还比他能说会道，但他根本就不存在失去爱人的危险。在他回顾这一切时，他忘记了自己对爱人的愤怒，而把注意力集中在了与同事的对比上。接着，他脑中浮现出了一个场景。在他四五岁的时候，他想要爬树，却爬不上去。他的哥哥却轻而易举就爬了上去，而且还在树上嘲笑他。然后，另一个场景生动地浮现在眼前：母亲表扬了哥哥却冷落了他。哥哥事事都超过他。昨天，一定是相似的事情激怒了他。至今，他仍然无法容忍任何人当着他的面赞美别人。从此以后，哈里的紧张感消失了，能够轻松地爬山了，而且，又能温柔地对待爱人了。

　　跟第一个病例相比，第二个病例在一个方面成效更加显著，在另一个方面却收获较少。一方面，尽管约翰的自我分析比较肤浅，但他确实超越了哈里。在对某一特定情境作出解释之后，约翰并没有满足，他意识到还存在这种可能性：自己所有的头痛可能都是由受压抑的愤怒引起的。然而，哈里的分析却没有超出一种特定情境的范围。他从未想过，自己的发现是否跟其他的焦虑症也有关系。另一个方面，哈里的自我认知比约翰的要深刻得多。对哈里而言，谋杀冲动是一次真实的经历；至少，他发现了自己的敌意产生原因的一种迹象，而且，他还意识到自己陷入了一场冲突之中。

　　在第二个事件中，我们同样为有如此多的问题没有触及而感到惊讶。即使哈里因为他人受到称赞而发怒，那么这样强烈的反应又是从何而来呢？如果那种称赞是他心生敌意的唯一来源，那么他又为什么会感到威胁，以至于引起了暴力冲动？虚荣心不仅非常强大，而且非常脆弱。他之所以产生暴力冲动，是因为他受到了虚荣心的操纵吗？如果是，那么他到底具有什么缺陷，需要如此着力掩饰？他和哥哥的抗拒自然是一个重要的历史因素，但仅仅这一条解释显然是不够的。冲突的另一方面，也就是他对爱人的专情的性质，则完全没有提及。他对爱人的需要，主要是为了得到她的赞美吗？他的爱情里掺杂了多少心理依赖？他对爱人的敌意还有其他的原因吗？

第三个例子，是对一种怯场情况的分析。比尔是一位成功的律师，他健康、强壮、睿智，他因为恐高而来向我咨询。他经常会做同一个噩梦，在梦里他被人从桥上或塔上推了下去。他坐在剧场楼厅第一排，或从高处的窗户往下看的时候，就感觉晕眩。还有，在必须出庭之前或跟重要客户见面之前，他有时也会感觉惊惶不安。他是依靠努力，逐步从艰苦的环境中发展到现在的，对于已经获得的优越地位，他一直担心不能维持下去。他经常会在不知不觉中产生这种感觉：自己就是一只虚张声势的纸老虎，迟早会被揭穿。他无法解释这种恐惧，因为他认为自己和同事一样聪慧。而且，他还是一名优秀的辩论家，他的辩论通常都很令人信服。

由于他开诚相见、无所隐瞒，几次会谈之后，我们就想办法绘制出了一种冲突的轮廓，这种冲突的一方是雄心、自信、驾驭他人的欲望，另一方则是维持自己乐观、直率、不谋私利的形象的需求。该冲突的两个方面都没有受到很深的压抑，他只是没有挖掘冲突的力量和本质。他一旦将注意力放在这两方面上，就能明确地意识到，自己实际上确实是在虚张声势。然后，他自发地就把这种出于无意识的欺骗行为和晕眩联系在一起。他意识到自己渴望获得较高的社会地位，而同时，又不敢表现出自己的野心。他害怕，别人一旦发现自己的野心就会转而敌视他、攻击他。因此，他不得不以一副令人愉悦的良善面孔示人，表现得对金钱和声望都不感兴趣。尽管如此，作为一个本性诚实的人，他隐约发现自己有些虚张声势，这又让他担心别人揭穿自己。弄清楚了这一点，就足以消除他的晕眩了，因为这种晕眩正是由他的畏惧转化而成的生理症状。

后来，他要离城外出。我们还没有谈到他在面对公众时的恐惧，以及跟一些客户会谈时的畏惧。我建议他观察一下，在什么情况下，他的"怯场"是严重的；在什么情况下，他的"怯场"是轻度的。

一段时间之后，我收到了如下反馈。他最初认为，在呈递案件或使用的论证有争议的时候，他会产生恐惧。尽管他清楚地知道，自己的判断并非完全错误。但是，沿着这个方向探求，他却并没有更多的发现。随后，他的精神遭受了沉重打击，然而，事后却证明，这一次的精神波动对他获取了解自身病症的努力极为有益。事情是，他在准备一个棘手的辩护状时，因为知道法官不是一个严苛的人，就没有十分用心，他将其呈交法庭的时候也只是稍微有点担忧。但后来，他得知之前的那位法官生病了，现任法官不但要求严格，而且性情固执。他试图用心理暗示的方法来安慰自己：不管怎么样，现任法官也远远谈不上恶毒或奸诈。但是，这一安慰并没有缓解他的焦虑，他的焦虑症反而更严重了。当时，我建议他描绘脑海中浮现的画面。

首先浮现在他脑海中的，是他小时候的模样，他从头到脚都涂满了巧克力蛋糕。起初，他对这幅图像感到迷惑不解，但很快，他就想起来自己要为此受到惩罚，但因为自己的"聪明"，母亲只好一笑了之，他最后"逃脱"了。"侥幸过关"的主题仍在他的自由联想中继续。几段回忆浮现在脑海中：有很多次，他的功课准备不足，但都逃脱了惩罚。接着，他回忆起了自己讨厌的一位历史老师。至今，他对这位老师仍然恨意未消。那堂课，老师要求全班同学写一篇关于法国大革命的论文。批改过的论文发下来之后，老师批评了他，说他的文章通篇都在夸夸其谈，缺乏扎实的专业知识；老师引述了其中的一段，引得其他同学哄堂大笑。当时，比尔感觉蒙受了奇耻大辱。英语老师经常称赞他的文采，但历史老师似乎无视他的才华。"无视他的才华"这句话让他吃了一惊，因为他原本想说"无视他的文采"。想到这里，他忍俊不禁，因为"才华"这个词表达了他的真实想法。毫无疑问，现任的法官就像那位历史老师，无视他的才华或口才。就是这样。他习惯了依靠自己的才华和口才"侥幸过关"，而不是进行充分的准备。结果，无论何时，在他设想的情境中，当这一手段发挥不了作用时，他就变得恐慌起来。比尔并没有深陷在他的神经症人格中，所以，他能推断出这一自我认知的实际意义：坐下来，仔仔细细地处理诉讼工作。

甚至，比尔进行了更深入的自我分析，他认为，自己在与朋友、女人的人际交往中，他的才华可以让他们着迷，因此而忽略了这一事实：在任何一种关系中，他都没有付出很多。他把这一发现和我们的讨论联系起来。最后，他领悟颇深，告诫自己必须做一个正直的人。

实际上，比尔已经能在很大程度上做到这一点了。目前为止，那段经历已经过去了六年，他的恐惧也几乎消失了。这和约翰缓解头痛症的情形如出一辙，但是，这两者的意义是不同的。正如我们之前所指出的那样，约翰的头痛是一种边缘症状。之所以这样定义，是基于下面这两个事实：约翰的头痛很少发作，即使发作也不严重，不会从根本上对他造成困扰；而且，我们认为这些头痛并不会发挥任何二次作用。正如后来的一次分析所揭示的，约翰真正的神经症在另一个不同的方向。然而，比尔之所以感到恐惧，是因为某种尖锐的矛盾。比尔的恐惧并没有对他不利，但却对他生活中诸多至关重要的领域的重要活动造成了干扰。约翰的头痛消失，并没有改变他的人格，唯一的改变是，他稍微能够敏锐地意识到自己的愤怒。比尔的恐惧消失，他诊断出自己的恐惧源于自己人格里一些矛盾的倾向，更重要的原因在于，他能够改变这些倾向。

在此，就跟约翰的病例一样，比尔这个病例看上去也显示出了收获的成果比付出的努力多的情况。但是，再仔细检查一下，就能发现，这种收获和付出的不相称并没有那么大。确实，比尔只做了比较少的分析工作，就不但消除了他的神经症——从长远看这些神经症会严重到足以损害他的事业的程度，而且还发现了些许与他自己有关的重要事实。比尔看到：无论对自己还是对他人，他都表现出一定程度的虚伪；他比起对自己承认的，要有野心得多；他想要通过机智和魅力来实现自己的远大抱负，而不是通过踏踏实实的工作。但是，在评价这一成功的时候，我们一定不能忘了，比尔跟约翰和哈里不同，在本质上，他是一个心理健康的人，只有轻度的神经症人格。他的野心和"侥幸过关"需求并没有受到深度的压抑，而且他的强迫性性格也并不顽固。他的人格结构系统有序，这使得他可以在一诊断出其中的神经症时，就能大刀阔斧地对其进行矫正。如果不从科学的角度去了解比尔的困难，我们可能会简单地把他视为这样一个人：他想要安逸的生活，但当他意识到自己的这种想法行不通时，他就转而努力奋斗、做得更好。

要消除一些明显的恐惧，比尔现有的自我认知已经足够了，但是，即使是这条捷径卓有成效，也还是有很多问题尚未解决。例如，那个被人从桥上推下去的梦，它的确切含义是什么？

比尔有鹤立鸡群的强迫性需求吗？比尔因为无法容忍任何竞争，所以想打压别人？还是他因此害怕别人对自己做出同样的事情？他对高处的恐惧，仅仅是害怕失去已经得到的地位，还是也害怕从虚构的优越地位上掉下来——正如此类恐惧症常见的情况那样？此外，为什么他不付出与自己的能力和野心相当的努力？这种怠惰仅仅来自他对自己雄心的压抑，还是他认为，如果自己付出足够的努力，会有损于自己的优越性——他认为只有普通人才必须工作？还有，为什么在与别人交往的过程中，他付出得那么少？他是对自己关注过多——或也可能是过于鄙视他人——以至于体验不到多少自然的情感吗？

从治疗的角度来看，探寻上述所有追加问题的答案是否必要，则要另当别论。很可能，在比尔那个病例中，他所做的分析工作，达到的效果远不止消除明显恐惧这么少。这很可能形成良性循环。承认了自己的野心、投入更多的精力到工作中之后，他可以把自己的野心建筑在更现实更可靠的基础上。因此，他更有安全感、变得更坚强了。卸下自己的伪装以后，他受到了更少的束缚，恐惧也随之消失了。所有这些因素，都会极大地促进他和别人的关系，而这种改善又会进一步增强他的安全感。即使分析工作并不全面，这种良性循环也有可能运转起来。如果分析工作找到了引发所有症状的根源，几乎可以达到治疗的效果。

最后一个例子，更不像一例真正的神经症。它涉及一种治疗某些情绪的精神分析。这些情绪是在现实情况中产生的。汤姆是一位有名的临床医学家的医疗助理，他对自己的工作怀有浓厚的兴趣，也很得导师的赏识。他们之间建立起了真诚的友谊，两个人还经常共进午餐。在一次和导师共进午餐之后，汤姆发现肠胃稍有不适，他认为是食物有问题，并没有太在意。但在接下来两个人的那顿午餐中，他感觉恶心头晕，比第一次严重得多。他去做了胃部检查，却没有发现任何问题。然而，这种不适又第三次发作，并且还伴随着令人痛苦的嗅觉过敏。正是这第三次午餐之后，他才意识到，他之所以感到肠胃不适，是因为他和导师一起进餐。

实际上，他近来跟导师在一起的时候，总感觉局促不安，有时甚至无话可说。而这其中的原因，他很清楚。他的研究工作引导他走上了一条跟导师的理念相反的道路。最近几周，他更加坚信自己的判断。他一直想跟导师谈一谈，但不知何故，总也抽不出时间来。他也意识到了自己的拖延，但是年长的导师在学术方面相当死板，毫无疑问地，不能容忍任何意见分歧。汤姆曾把自己关心的问题暂且搁置，暗暗安慰自己：一次良好的交谈就能解决所有问题。他推测，如果自己的肠胃不适确实跟畏惧有关，那么他的畏惧一定比他认为的要严重得多。

汤姆认为情况就是这样，同时还举出了两个证据。其一，他的这些想法一产生，他立刻就感觉不舒服，正跟他和导师的那几次午餐后的感觉一样。另一个证据是，他同样突然意识到了自己的反应是由什么引起的。在他第一次感到肠胃不适的那次午餐上，导师斥责了他的前几任助理。导师愤怒地说，那些年轻人从自己这里学到了很多东西，但离开之后，甚至在学术方面都不跟他保持联系。那一刻，汤姆意识到的所有感觉，都是对导师的同情。他压抑了自己的学术观点。他之所以这么做，是因为前几任助理独立以后，导师难以容忍学术上的分歧。

因此，汤姆意识到，对于眼前的危险，他选择了视而不见，而且他还评估了自己恐惧的程度。他的研究工作正在切实危害他和导师的友好关系，而且也因此对他的工作构成了威胁。导师确实有可能转而敌视他，一想到这一点，他就感觉有些心慌。他想知道，如果再审视一遍自己的发现，或者干脆忘了它们，对他而言会不会更好。这个转瞬即逝的想法，让他意识到学术与事业前程强烈需求之间存在冲突。汤姆压制了自己的恐惧，采取了逃避策略，以逃避必须要作出的决定。认识到这一点之后，汤姆感觉如释重负，终于松了一口气。他知道这是一个艰难的决定，但他坚定个人立场。

我讲述这个故事，不是要举一个自我分析的例子，而是为了说明，有时，引诱我们欺骗自己的力量是多么强大。汤姆是我的朋友，他非常理智。他尽管也有可能具有一些潜在的神经症人格，例如，否认自己具有任何恐惧的强迫性需求，但是，仅凭这些是无法证明他是一名神经症病人的。也许有人会提出反对意见，认为汤姆潜意识地逃避作出决定的事实，就是一种深度神经症病态的表现。但是，可以肯定的是，正常人和精神病人之间的界线并不清晰，所以我们最好把这个问题看作是，因侧重点不同而得出的不同结论，而在实际上，把汤姆当作是一个正常人更合适。话说回来，汤姆的这段经历表现的是一种情境性神经症。也就是说，一种神经症功能紊乱，主要是由某一个特定环境中的矛盾引起的。当病人有意识地面对并解决该矛盾时，这种不适也就消失了。

我们尽管已经对每一个事例取得的成果都进行了批判性的评估，但是综合来看，它们可能会让我们对偶尔自我分析的潜力产生一种过度乐观的感觉，会让我们认为，自己很容易就能获得一种自我认知，捡到一种珍贵之物。为了传达给大家一个更准确的概念，除了这四个多少都算是成功的尝试，我们还应补充一件事：在迅速掌握一些神经症障碍的含义方面，我们曾有过二十多个失败的例子。明确地表达出这种谨慎保留是很有必要的，因为一个深陷于自己神经症复杂情况的人，在感到无能为力的时候，很可能会寄望于奇迹的发生。我们应清楚地认识到这一点：想要治愈严重的神经症或它的任何主要部分，仅仅依靠不定期的自我分析是不可能的。其原因正如格式塔心理学家[1]所表达的那样，神经症人格并不是一个由种种错乱因素组成的混合物，它有自己的结构，在这个结构中，每一个部分都跟其他部分有着复杂的关联。通过不定期的自我分析，我们有可能把琐碎的素材整合起来。了解跟一种神经症人格发作直接相关的因素，并消除一个边缘症状。但是，想要从根本上改变神经症人格，就必须想办法克服它的整个结构，也就是说，需要进行系统的自我分析。

因此，不定期的自我分析就其本质而言，对全面自我认知的贡献极为有限。正如前三个例子所表明的，原因在于病人并没有采取进一步行动，以获得所有的自我认知。实际上，每一个问题解决之后，都会自动引出一个新的问题。如果病人无法理清这些线索，那么先前获得的自我认知必然处于孤立状态。

作为一种治疗方法，不定期的自我分析完全能够胜任治疗情

---

[1] 格式塔心理学是柏林实验心理学派的一种心灵哲学，该哲学认为，人的思想形成一种感知或"格式塔"（德语中格式塔为"形状、形式"之意）时，整体就成了独立于各部分的存在。

境性神经症的任务。对于轻度神经症，它也能产生令人极为满意的效果。但是，对于那些更为复杂的神经症，它就跟冒险没有差别。在最好的情况下，它能做的也仅限于缓解一种紧张，或者分析神经症患者精神紊乱的病症。

第七章

系统自我分析：

准备步骤

从表面上看，系统自我分析与不定期自我分析的区别可能只在于下面这一事实：系统自我分析要求更频繁的工作。在开展工作的初期，系统自我分析也存在特定的、想要克服的困难，但跟不定期自我分析不同的是，它需要反复进行这一过程，而不是满足于每个孤立障碍的解决。不过，从形式主义的角度看，这一陈述是正确的，它并没有说明二者本质的区别。一个人可以不断地对自己进行分析，然而，如果一些条件没有得到满足，那么精神分析就只能一直停留在不定期的自我分析阶段。

工作频率更高是系统自我分析有别于不定期自我分析的一个显著特征，但并不是唯一特征。二者之间更重要的区别因素在于系统自我分析的连续性特质，它会持续解决新出现的问题。不定期自我分析在这一方面的缺乏，我们在前一章的事例中已经强调过了。要做到这一点，要求的绝不仅是小心谨慎地找出那些自行出现的线索并对其详细阐述。在前面引用的事例中，病人对取得的成果是满意的，但是如果完全抱着肤浅、随便的态度，这样的成果是绝对无法获得的。分析工作如果继续深入，拓展到唾手可得的自我认知的范围之外，那就必然意味着遭遇阻碍，意味着承受各种令人痛苦的不确定因素和伤害，意味着要与那些抗拒因素做斗争。而这要求的，是一种与进行不定期自我分析不一样的精神。不定期自我分析的动机在于，一种明显神经症的压力以及解决它的意愿。在这一点上，系统自我分析的工作尽管也是在相似的压力下开展的，但它的根本驱使力却来自病人不屈不挠跟自己的病症进行斗争的坚定意愿。这是一种不断发展壮大的意愿，是一种不克服所有抗拒因素就不罢休的意愿。这是一种对自己既残忍又坦率的精神，只有全面地认识自己，病人才能正视自己的神经症。

　　当然，想要坦诚的意愿和实现坦诚的能力，这两者之间是存在差异的。可能有无数次，一个人无法实现自己的目标，但是，如果他能始终对自己坦诚，那么，分析也就没有必要了。此外，如果他继续保持一种坚定不移的态度，那么他对精神分析师就会更加坦诚。每克服一种障碍，就意味着他增进了理性。因此，面对未来的问题，他可能需要更理性地处理。

　　在进行自我分析的时候，尽管神经症病人小心谨慎，但是仍可能因为不知道进行分析而感到不知所措，因而会带有几分匹夫之勇。例如，他可能会下定决心，从现在开始就对自己所有的梦进行分析。据弗洛伊德的观点，梦是通往潜意识世界最佳道路。这一点在此处也同样适用。但不幸的是，病人如果对梦没有全面了解的话，他就很容易迷路。任何一个人，如果在对自身内部运作因素缺乏一定程度了解的时候，就试图对自己的梦进行解释，都无异于在做一场随意而任性的游戏。如此一来，即使梦本身的意义看上去显而易见，精神分析师也可能理性地解析梦境。

　　即使一个简单的梦，也存在多种解释的可能。例如，如果丈夫梦见自己的妻子亡故，这个梦可能表达了一种深层的潜意识敌意。但是，它也可能意味着，丈夫想和妻子分开，却又发现自己没有能力迈出这一步，因此，妻子的死亡就成了唯一一种可能的解决方法，在这种情况下，这个梦首先要表达的，就不是一种敌意。最后，还有可能，这个梦只是因一时的愤怒而引起的对妻子的死亡诅咒，这是一种短暂的情绪，它在现实中受到了抑制。却在梦里得到了宣泄。这三种解释所揭露的问题是各不相同的。第一种解释揭露的问题，也许是敌意及其受压制的原因。第二种解释揭露的问题，也许是做梦者为什么找不到一种更恰当的解决方法。第三种解释揭露的问题，也许是一种特定情况下的真实的令人恼火的事件。

　　另一个例子是克莱尔的一个梦，做这个梦的时候，克莱尔正试图解决自己对朋友彼得的心理依赖问题。这个病人梦到，另一个男人用胳膊环抱着自己，还说他爱自己。克莱尔认为这个男人很有魅力，而且自己也感觉很幸福。此时，彼得在房间里，眼望着窗外。这个梦给人的第一印象可能是克莱尔的移情别恋，这个病人抛弃了彼得，表达了一种矛盾的情感。或者，它也有可能表达了一种意愿，即克莱尔认为彼得能够像那名男子一样把自己的感情表露出来。或者，也有可能，它表现了克莱尔的这种观点：将自己对彼得的心理依赖转移到另一个人身上，能够解决自己的过度依赖问题；这种情况也就相当于，克莱尔试图逃避真正地解决问题。或者，还有可能，它表达了克莱尔的一种意愿，即她认为自己还有机会维持和彼得的关系——实际上，这种可能性之所以不存在，是因为克莱尔对彼得有心理依赖。

　　如果病人在了解自己的神经症人格方面已经取得了一定的进展，那么，一个梦就可能进一步论证某一假说。它可能会填补他某个领域的知识空白，还可能为他提供一条新的、意想不到的线索。但是，如果病人的神经症人格倾向模糊不清，那么一个梦也不大可能会澄清任何问题。它可能会做到这一点，但也有可能跟那些未被诊断出的诸多倾向混杂在一起，因此，这些更复杂的问题难以解释。

　　这些告诫，当然不应该阻止一个人尝试对自己的梦进行自我分析。对梦的解析有助于一个人了解自己的情感，这是肯定的，约翰那个关于臭虫的梦就是一个很典型例子。应该避免的误区是，在进行自我分析的过程中，把所有的注意力片面地集中在梦上，却把其他具有同等价值的观察材料排除在外。此外，负面的告诫也同样重要：我们经常会有充足的理由敷衍地对待一个梦，同时，由于梦非常怪诞、夸张，我们很可能会忽略它的含义。例如，在下一章，我们解析的第一个梦就与克莱尔有关。实际上就运用了一种不同寻常的语言，讲述了克莱尔和爱人之间的复杂关系，但是克莱尔却视若无睹。克莱尔之所以这么做，是因为她不想受这个梦所隐含的暗示的影响。然而，这并非一例个案。

　　梦是信息的一个重要来源，但也只是信息的多个来源之一。除了在事例中，我将不再进行梦的解析。考虑到这一点，我再啰唆几句，提两条很有用的原则，请读者牢记。原则一，梦所提供的，并不是一幅有关情感或观点的照片般的、静止的图画，而主要是种种性格趋势的一种表达。诚然，比起我们清醒时的生活，梦可能会更清晰地向我们揭示出我们的真实情感：爱、恨、怀疑或悲伤这些原本受到压抑的情感，可能会毫无拘束地在梦中感受到。但是，正如弗洛伊德所说，梦最重要的特征是：梦由妄想所掌控。这并不一定就意味着梦代表着一种有意识的意愿，或梦直接象征着我们需要的一些东西。这些"妄想"更有可能存在于意图之中，而非某些显而易见的内容里。也就是说，梦既表达了我们的意愿，又隐含了我们的需求，还反映了当时困扰我们的矛盾。梦是种种情感因素上演的一出戏剧，而不是对诸多事实的陈述。如果两种强大的意愿相互冲突，那么人们做梦时也会感到焦虑。

　　因此，如果一个在意识层面一直受到我们喜欢或尊敬的人，在梦中变得令人厌恶、荒唐可笑，那么我们就应该找出让自己作出折损此人形象的那种强迫性需求，而不是武断地得出结论，认为这个梦揭露了我们对此人的看法。如果一名病人梦到自己变成了一栋千疮百孔、无法修复的房屋，无可否认，这表达了他的绝望心境。但问题的关键在于，采用这种方式表现自己，于他而言有何好处。这种悲观的态度，是他本着两害相权取其轻的原则作出的有利选择吗？它表达的是一种报复性的责难吗？他的自嘲是否流露了这种情感，他早就应该做某事，现在却为时已晚？

在此，需要提及的第二个原则是，在我们把梦跟刺激梦产生的实际原因联系起来之前，我们是无法了解梦的。例如，仅仅诊断出一个梦大体上是贬义趋势或报复性冲动是不够的。我们必须始终问自己这样一个问题：刺激这个梦产生的实际原因是什么？如果能够发现二者之间的联系，我们就能了解到大量的跟这个梦有关的经历的准确情况，因此，这段经历会向我们指出一种威胁或过错，以及它所引起的潜意识反应。

比起片面地将注意力集中在梦上，进行自我分析的另一种方法真实得多，但在某种程度上，这种方法并不完善。一般说来，让一个人公正地面对自己的动机来自这种认识：自己的幸福或能力受到某一种特定神经症的阻碍，比如反复出现的压抑、长期的疲乏、慢性机能性便秘、普通的胆怯、失眠、工作中的抑制等等。而他也许会尝试着对这种神经症发起一场正面进攻，一场类似于闪电战的突然袭击。换言之，虽然他可能并不了解神经症人格倾向，但是他想方设法地分析造成自己困境的潜意识因素。即使做最乐观的估计，他也只能提出了一些表面问题。例如，如果他的特定神经症是一种对工作中纷扰情绪的抑制，那么，他就可能会问自己：是否野心过大？是否真的对所从事的工作感兴趣？是不是把工作当成了责任，而在心底深处却是抗拒的？如此发展，他很快就会陷入僵局，并作出这样的判断：自我分析无法给自己提供任何帮助。但是，事情发展到这一步，完全是他咎由自取，并不能把责任推到自我分析上。在心理学方面，闪电战绝不是一个好方法，毫无准备的闪电战对任何倾向都是不利的。他之所以在战争中处于劣势地位，是因为他完全忽略了所有预先的侦察。这种情况产生的原因部分在于对心理问题的无知，不但依然强大而且广泛存在，以至于任何人都会想要尝试一下这条捷径。但是，这条捷径是行不通的。有种神经症病人的症状非常复杂，例如斗争、畏惧、防御、幻想等等；最终所有因素导致他无法专心地工作。然而，他认为自己的直接行动可以彻底根除这些纷扰情绪，它就像关上电灯开关那样简单。从某种程度上说，他的这种期望是基于一种一厢情愿的想法：他想要迅速消除困扰自己的那种障碍；他愿意相信除了这一未解决的神经症，其他所有都正常。他不愿意面对这一事实：这种明显的障碍只是一种迹象，暗示了他与自己与别人的关系存在根本性的问题。

对病人而言，缓解自己严重的神经症是十分重要的。的确，病人既不应该无视自己的神经症，也不应该掩饰这些纷扰情绪，相反，他应该在思想的隐蔽之处安置它们。这些隐蔽之处的含义就是探索的领域。在可以隐约感知到自己具体障碍的性质之前，病人必须对自己有深刻的了解。如果他对自己的感觉的含义保持警觉，那么随着他这方面知识的不断积累，他就能逐步把包含在神经症中的种种因素整合起来。

不过，从某种程度上说，这些神经症是可以直接研究的，因为通过观察波动的情绪，我们可以了解很多相关信息。这些长期性障碍没有一种会始终保持同等强度，它们对病人的支配也是时强时弱。起初，病人对情绪波动的原因一无所知，他甚至认为这其中并不存在什么潜在原因。他认为，神经症的"本质"中隐藏着情绪波动。一般说来，病人的这种信念就是一种谬见。如果精神分析师仔细观察，就可以诊断出一种因素，正是该因素让神经症病人的病情时好时坏，情绪起伏不定。病人一旦发现这些要素所起的作用，他就可以提高深入观察的能力，因此，他也会逐渐描绘出一幅草图，它呈现了影响自身障碍相关条件。

上述种种考虑的要点在于这一人尽皆知的真理：如果想要进行自我分析，就不能只分析那些显著的、突出的部分。你必须抓住每一个机会，去分析熟人或陌生人。顺便提一句，这种说法并不夸张，因为大多数人都对自己知之甚少，只是逐渐地才意识到自己在很大程度上生活在无知之中。如果你想了解纽约，只观察帝国大厦是不够的，你不仅应该去下东区看看，而且应该在中心公园散散步，还应该乘着船绕曼哈顿一周，在第五号大街坐一回巴士，等等。这些活动可以让你更全面地了解纽约。假定你真正想要了解某些神经症患者，那么就要熟悉各种机会，并在机遇出现时主动把握它们。这样，你会惊讶地发现，有时候你会莫名其妙地发火；有时候你无法作出决定；有时候你无意中冒犯别人；有时候你毫无缘由地就没有胃口；有时候你的食欲非常好；有时候你无法静心回信；有时候独处的你会突然对周围的噪音感到恐惧；有时候你会做噩梦；有时候你会感到了受伤或羞愧；有时候你不敢提出加薪或表达批评意见。这些观察表明，即使对自己，你也知之甚少。你开始怀疑——在此，怀疑所有的基础知识——并且通过自由联想的方式，来认识情绪波动对神经症的影响。

观察、自由联想以及由此而引发的诸多问题，都是原始素材。与所有精神分析一样，分析原始素材也需要花时间。在专业的自我分析中，精神分析师每天或每隔一天都会留出确定的一小时来进行分析。这种安排算是权宜之计，但是它也具有一些内在价值。患有轻度神经症人格的那些病人，他们的生活一般不会受到病症的严重干扰，所以他们只有在病情发作，想治疗神经症人格障碍的时候，才会去见精神分析师。然而，如果一个人的神经症人格较为严重，精神分析师就建议他在真正想要来的时候才来。但是，每当他有充足的理由不去诊所，或者，每当他面对心境阻碍的时候，他就有可能逃避分析。这意味着，在他实际上最需要帮助、最适合开展建设性工作的时候，他选择了逃避。神经症病人定期接受精神分析的另一个原因在于，在一定程度上连续地治疗是系统自我分析的实质。

要求定期有两个原因：抗拒的复杂性和保持连续性的必要性——当然，这也适用于自我分析。但是，在此，我认为一个小时定期的观察不一定适用于自我分析。专业分析和自我分析之间的差异不应被低估。对病人而言，遵守跟精神分析师的约定比遵守跟自己的约定要容易，因为在前一种情况下，有更多的切身利益推动病人去践行约定：他不想失礼；他不想因阻碍而浪费时间；他不想失去这一小时可能会创造的价值；他不想付钱预约了时间又没有好好利用。然而，这些压力在自我分析中都不存在。许许多多表面上或实际上不容拖延的事情，都会与病人所预约的治疗时间重复。

在精神分析的阶段，预约时间定期地进行精神分析是无法实施的，还存在一些内因——这些原因跟抗拒这个问题完全无关。一个人可能喜欢在晚饭前空闲的半个小时里思考一下自己的问题，却厌恶在上班前预留出时间来做自我分析。也有可能，他在白天的时候抽不出时间来进行自我分析，但在晚上散步或入睡前，却更容易获得最有启发性的联想。在这个方面，即使是跟精神分析师的定期预约，也会存在一些缺陷。一方面，当神经症病人非常迫切地想见精神分析师时，精神分析师却没有及时出现。另一方面，即使表达自己的热情消失了，他也必须在安排的时间去见精神分析师。由于种种外部环境的限制，这一不利条件几乎无法消除，但是我们也没有正当理由把这种不利条件投射到自我分析中，因为在自我分析中，这些外部情况根本不存在。

在精神分析阶段，严格遵守预约时间的另一个不足之处在于将自我分析视为一种"责任"。因为责任所包含的"必须"的含义会剥夺精神分析的自觉性，而这一性质是精神分析中最宝贵、最不可缺少的要素。一个人在不想进行日常锻炼的时候，强迫自己进行练习，并不会造成太大的危害。但是，如果某人强行做自我分析，他必定会心不在焉、漏洞百出，在这种情况下分析工作也不会产生效果。然而，专业分析虽然也会存在这种危险，但是凭借精神分析师对病人的关心以及精神分析师和病人协同合作的事实，这一困难是能够克服的。在精神分析的阶段，因外界压力而产生的倦怠，非常难以处理，它可能让整个分析工作逐渐瘫痪甚至失败。

在精神分析的阶段，定期的分析工作并不是目标本身，更确切地说，这两个目标揭示了它的价值——其一，保持精神分析的系统性；其二，预防精神分析中的神经症人格倾向。长期以来，虽然病人总是按时到精神分析师办公室就诊，但他的障碍并没有消除。他的赴诊只是为了让精神分析师帮助他了解那些发挥作用的因素。坚持进行定期的系统自我分析，既不能保证他不会从一个问题转向另一个问题上，也不能保护他可以全面地认识自我。这些保证只对普通的工作才有效。在精神分析的阶段，这些要求也是必不可少的，在下一章里，我会再详细论述它们的意义。在此，最重要的是，它们不强求一个人严格地遵守时间表进行自我分析。如果某人因为一次爽约而错过了一个问题，那么在以后的分析工作中，他还会再次遇到这个问题。除非病人想要着手处理这个问题，否则，把这个问题抛诸脑后才是明智的选择，即使这要以浪费时间为代价。精神分析师应该始终是一个值得依赖的好朋友，而不应是一名天天督促我们取得好成绩的教师。毋庸置疑，抗拒强迫性严守时间的告诫并不意味着病人可以松懈懒散。如果我们想要让友情成为自己生活中一个有意义的因素，我们就必须呵护它，同样，只有我们严肃对待精神分析工作，它才会有利于病人的神经症，帮助他们早日康复。

最后，不管一个人多么真诚地把自我分析当作自我发展的一种助力，而不是一种快速见效的灵丹妙药，他那份从现在一直到死亡始终从事这份工作的决心也发挥不了任何作用。实际上，在精神分析的一些阶段，他能认真地解决一个问题，比如下一章要论述的问题，但是，还有另外一些时期，他的工作不那么重要。他仍然会观察某些显著的反应，并试图了解它们，从而继续自我认识的进程，但它们的强烈程度会明显地减弱。他可能专注于个人工作或集体行动；他可能忙于跟外部困难做斗争；他可能全神贯注于建构人际关系；他可能只是不再因自己的心境障碍而感到烦恼。在这些时期，生活本身比精神分析重要得多，而且生活还会以自己的方式来治疗他的神经症。

进行自我分析的方法和同精神分析师一起工作的方法相同，它们采用的都是自由联想。这一技术的具体阶段我们已经在第四章详细论述过了，一些跟自我分析有关的特别的方面，我们将在第九章再补充说明。在进行精神分析时，病人会告诉精神分析师自由联想的内容。在独立工作时，病人应该把自由联想记录下来。至于病人选择只将它们记在心里，还是记在笔记本里，都只是个人喜好而已。有些人在书写时精神更为集中，有些人却觉得书写会分散自己的注意力。在第八章引用的大量病例里，有些联想是当时记录下来的，有些则受到了关注，过后才记录了下来的。

　　毋庸置疑，把自由联想记下来是非常有利的。首先，几乎每名病人都会发现，如果大家都习惯把联想内容记录下来，那么几乎所有人的思想就不会轻易偏离主题。至少，如果出现跑题，自己能够更快地注意到。还有一种可能的情况是，把联想写在纸上时，病人想要略过一个他认为不重要的想法或情感的诱惑的可能就会降低。不过，记录的最大优点是，它可以帮助病人回忆自由联想的内容。一般而言，我们会忽略一种联系的重要意义，但是过后仔细查看记录时就会注意到。我们经常会遗忘那些悬而未决的问题，但是当我们重新翻阅笔记时，我们就能回想起来。或者，病人可以从不同的视角去观察曾经的发现。或者，病人也许会感觉自己并没有取得明显的进展，仍然停滞在几个月以前的水平。这后两条原因向我们揭示了，简略记录种种发现和取得这些发现的主要方法是十分明智的，即使这些结果已经在没有做记录的情况下得到了。写笔记的主要困难在于思考比记录更敏捷。但是，我们可以通过记录关键词来提高效率。

　　如果把大量分析工作都记录下来，那么把这种记录跟日记相比较就几乎不可避免。同时，详尽阐述这种对比可能也有利于强调分析工作的一些特征。对自我分析的这种记录和日记的相似之处自不待言，尤其是如果日记记录的并不仅是实际事件，还有对自身情感经历和动机的诚实描述，这时两者就更是如出一辙。但是，两者之间也存在很大的差异。一本日记真实地记录了意识情感、自由联想以及动机，它涉及了不为外界所知的情感经历，而非不为作者本人所知的经历。在《忏悔录》中，卢梭非常真实地记录了自己的受虐经历。在本书中，他并未揭露出任何他自己不知道的事实，他只是讲述了一些隐秘的事情。而且，如果想在一本日记里寻找动机，能找到的无外乎一个无足轻重的不严谨的猜测——如果这样的猜测真有什么分量的话。一般而言，我们不会作出什么尝试，以深入意识层面之下去探究。在《一个男人古怪的生活》中，主人公卡波特森坦白地描述了对妻子的恼怒和怨恨，但却没有就理由给出任何可能的线索。上述这些评论并没有批评日记或自传，虽然它们也有自己的价值，但是它们跟探究自我具有本质的区别。没有人可以一边描述自我，一边进行自由联想。

对分析工作的记录和日记之间还有一个不同点，这一点在实践中很重要，所以有必要提及：日记通常会留出一部分注意力放在未来的读者身上，不论这读者是将来的作家，还是一个广泛的读者群。然而，这种对后世的任何细微的关注，都必然会减损原本的真实性。这样一来，作者在写日记时不免会有意无意地进行一些修改润饰。他会完全略去一些因素，会尽量减少自己的缺点，或干脆把它们推诿给别人，他保护一些人使其不为公众所知。如果病人存有哪怕一丁点在乎读者赞美的心思，或存有任何一点想要创作出一部具有独特价值杰作的想法，那么，同样的事情也会发生在病人记录自由联想的过程中。那时，病人就会犯下上述所有那些过错，而这些过错会逐渐削弱他自由联想的价值。无论病人要在纸上记录下什么内容，他的目的都应该只有一个，那就是认识自己。

第八章

一例心理依赖患者的
系统自我分析病例

　　无论我们的描述多么丰富、多么详细，也无法作出恰如其分的表达，在了解自我的过程中，在精神分析领域的所见所闻。因此，我准备详细地讲解一个病例，这是一位心理依赖患者的自我分析。这个病例记录了一位对男人有心理依赖的女人的治疗情况，这些情况在现实生活中非常普遍。

　　我们要描述的情境，如果只把它看作是普通的女性问题，那么也是十分有趣的。但是，它远远超出了女性领域。众所周知，这些情况普遍存在。对一个人潜意识的、更深层的依赖，它是毫无根据的。在人生的不同时期，许多人都有心理依赖。正如克莱尔在接受分析之前的情况一样，我们通常很少意识到这个问题，相反，我们还会用"爱"或"忠诚"等词来掩饰它。这种心理依赖如此常见，它为我们都会遭遇的很多困难提供了一种看上去便利而又充满可能的解决方法。然而，这种心理依赖在我们成熟、坚强、独立的道路上，设置了巨大的障碍；让人们所期待的幸福，大多数变成虚假的。因此，对任何将独立自主、重视建构良好人际关系视为理想目标的人来说，探究无意识的心理依赖大有裨益，系统自我分析让他们受益匪浅。

　　一直以来，克莱尔独立解决这些问题，她非常善解人意，允许我公开发表其精神分析过程。这个病人的背景情况和分析工作的发展状态前面已经概述过了，因此我就可以省去很多解释。然而，在其他情况下，这些解释是必不可少的。

　　但是，我选择这一病例的主要原因既不在于问题的内在价值，也不在于我们对当事人的熟知，而在于它清楚地展现了我们逐步熟悉并处理问题的过程。这个病例在成功性或完整性方面也并不具备突出的优势。恰恰相反，我们选择这个病例的原因就在于它的全部错误和缺陷。即使是那些错误和缺点，也是相当清晰的，足以成为我们讨论的材料；同时它们又十分具有代表性，能让我们从中吸取经验教训。几乎不需解释，这一病例所阐明的自我分析的过程，跟其他任何一例神经症人格倾向的精神分析在本质上都是相同的。

如果保持其原有的形式，这一病例是无法发表的。原因一方面在于，它主要是用提示词书写的，如果我们要引用就不得不将其展开详尽说明。另一方面是病人对其进行了简化。简明起见，我已经省略了那些完全重复的部分。同时，我只选取了病例的这一部分：该部分十分完美，且与心理依赖有直接关系。此外，由于早期那些处理该关系中所存在的障碍的种种努力都走进了死胡同，所以在此我会将其略去。本来，追述一下这些无效尝试也很有趣，但是这样做并不会增加足够的额外因素，来进一步证明增加必要篇幅的正当性。再者，我只对抗拒时期做了简要记录。也就是说，我们在此所呈现的病例素材，基本上只涉及这一特定分析事件最重要的部分。

总结性的说明之后，我们将对精神分析工作的每个方面分别进行讨论。在随后的这些讨论中，有几个问题尤其需要注意：这些发现的意义是什么？克莱尔当时不理解的因素有哪些？她错过这些因素的原因是什么？

经过几个月收效甚微的自我分析，一个星期天的早晨，克莱尔带着一股强烈的对一名撰稿者的恼怒醒来，这位撰稿者爽约，没有交稿给她编辑的杂志。这是那人第二次给她出难题了，一个人竟如此靠不住，这实在让人无法容忍。

此后，克莱尔意识到自己的愤怒有些不合情理。这整件事根本不足以让她在清晨五点醒来。仅仅是意识到的愤怒和意识到的刺激之间的矛盾，就能让克莱尔意识到自己愤怒的真正原因。

真正的原因仍然跟不可靠有关，涉及的却是另外一件她更关心的事情。她的爱人彼得因公出城，却没有遵守自己的承诺回来度周末。准确地说，彼得并没有给出明确的承诺，他只是说自己有可能在周六回来。克莱尔安慰自己：他从未确定过任何事，他总是给自己期望，然后又让自己失望。前一天晚上，她觉得很疲乏，当时她把这归因于工作太辛苦，现在看来，这一定是自己失望情绪的一种反应。她推拒了一个晚餐邀请，因为克莱尔认为可以跟彼得共度那个晚上，后来彼得并没有露面，她便去看了一场电影。她从来无法作出任何预约，因为彼得讨厌提前定下确切的日期。结果，克莱尔尽可能多地空出晚上的时间，却不断地为同一个问题烦恼着：这个人是否会如期而至？

想到这一情境的时候，两段记忆同时浮现在她的脑海中。一段是她的朋友艾琳数年前告诉她的一件事。艾琳跟一名男子有过一段热烈却相当不幸的关系，在他们交往期间，艾琳得了很严重的肺炎。高烧退后，艾琳惊讶地发现自己对那名男子的感情消失了。这名男子试图挽回两个人的感情，但对艾琳而言，他不再具有任何意义。克莱尔的另一段记忆，跟一部小说中的一个特殊场景有关，主人公的青少年时期的某个场景给她留下了深刻的印象。小说女主人公的第一任丈夫从战场返回，期望看到妻子欣喜若狂地迎接他。实际上，因为种种矛盾，他们的这段婚姻已经破裂。在丈夫离开的这段时间，他的妻子已经变心。她并不盼望丈夫回来，女主人公觉得丈夫已经与自己形同陌路。其实，因为这是克莱尔受到了负面情绪的干扰。她是如此渴望被爱，以至于她内心希望得到关怀——好像这对夫妇情感丝毫都不重要。克莱尔认为，这两段联想都指向了一种意愿，即她想与彼得分手，克莱尔认为这一意愿跟自己那短暂的愤怒有关。但是，克莱尔的另一个心声：我永远也不会这么做，因为我太爱他了。带着这种想法，克莱尔再次入睡。

在克莱尔把自己的愤怒归因于彼得而非那位撰稿者时，她对自己愤怒的理解是正确的，而且她对自己那两个联想的解释也是正确的。然而，尽管如此，她的这种解释从一种程度上看还是缺乏深度。在对彼得愤恨的强度方面，她没有任何发现。可以说，她只是把这次怒气爆发视为一次临时的不满，因此，她极其轻率地舍弃了自己想要与彼得分手的意愿。回顾这个病例，我们可以清楚看到，克莱尔那时对彼得的依赖十分严重，以至于她既不敢承认自己的不满，也不敢承认自己有想要分开的意愿。但是，对于自己的心理依赖症，克莱尔却没有哪怕一丝察觉。她把自己情绪的缓和——由于痛苦的减轻她克服了自己的愤怒——归因于自己对朋友的爱。这是一个很好的例子，它说明了一个人能够从自己的联想中获得的认知，不可能超过她当时所能忍受的程度，正如这个例子所显示的，即使联想用的是一种几乎不会理解错的语言，结果也不会有什么不同。

克莱尔对自己联想的含义基本上采取抵抗态度，这就解释了为什么她没有提出这些联想所暗示的一些问题。例如，值得注意的是，虽然这两种联想通常包含着想要断绝关系的意愿，但它们却表明了一种非常特殊的断交方式：在两个联想中，女子的感情都消失了，而男子却仍不放弃。正如我们稍后将要看到的，这是克莱尔可以设想的唯一一种结束痛苦关系的方法。对克莱尔而言，要她主动断绝跟彼得的关系，这是无法想象的，因为她对彼得的依赖很深。尽管有充分的理由可以推断出，克莱尔在内心深处发现了彼得并不是真的想要和自己在一起，只是自己缠着对方，但仅仅是想到彼得有可能会离开自己，克莱尔就感到无比恐慌。克莱尔对这一真相的焦虑是如此深重，以至于她花费了很长的时间才认清一个简单的事实：她很害怕。这种焦虑如此严重，即使在她发现自己对被抛弃的畏惧之后，她仍对彼得想要断交这一非常明显的事实视而不见。在克莱尔的自由联想中出现的两件事，女性都处于抛弃男性的位置上，这种情况不仅流露了克莱尔追求自由的意愿，而且揭露了她想要报复的诉求，这两方面都隐藏得很深，都与未被诊断出的束缚本身有关。

克莱尔没有提出的另外两个问题是，为什么她对彼得的愤怒经过了整整一晚上的时间才进入了意识层面，而且这种愤怒又为什么首先通过转移到撰稿者身上的方式，来隐藏自己的真实含义呢？克莱尔对自己愤怒情绪的压抑，在她彻底察觉到自己对彼得远离自己的失望时，变得非常明显。此外，在这种情况下，愤恨确实是一种自然反应，但是，绝不允许自己向任何人发火并不符合克莱尔的性格，她经常冲别人发火，不过她的特点却是把自己的不满从真正的起因迁怒到无关紧要的琐事上。但是，提出这个问题——尽管这看上去只是一个常规问题——就意味着提出了另一个问题：她和彼得的关系为什么如此不稳定，以至于她不得不将任何阻碍隐藏在意识之外？

克莱尔想办法将整个问题从意识心智中排斥出去之后，再次入睡并做了一个梦。在梦中，她身处一个陌生城市，那里的人讲着一种她听不懂的语言；她迷了路，而且这种遗忘感非常清晰；她把所有的钱都放在了行李箱里，行李箱则寄存在车站。然后，她出现在一个市集，这个市集有些虚幻，但她还是认出了几个赌场和一个畸形人演出；她正骑在一只旋转木马上，木马转得越来越快，她感到害怕，但又不能跳下来。接着，她又在海上随波漂流。后来，她带着遭到抛弃和焦虑的混合情感醒来。

这个梦的第一部分，让克莱尔回忆起了自己青少年时期的一段经历。在梦里，她去了一个陌生的城市，忘记了旅馆的名字，也感到怅然若失。她还想到前一天晚上，看完电影回家的时候，也有过类似的迷途感。

赌场和畸形人演出让她联想到自己早些时候的事情，即彼得作出承诺却又不遵守。这样的地方也充斥着虚伪的诺言，在那里，人们经常上当受骗。此外，克莱尔把畸形人演出看作是自己对彼得愤怒的情绪：他就是一个畸形人。

在梦里，真正让克莱尔感到震惊的，是那种很深的迷途感。然而，她告诉自己，这些愤怒和迷途感表露的不是别的，只是自己夸大了失望情绪，不管怎样，梦都是用一种荒谬形式表达情感的，这样一来，她把自己的真实感觉搪塞了过去。

确实，这个梦用荒谬的方式表达了克莱尔的问题，但是，它并没有夸大克莱尔情感的强度。而且，即使它造成了明显的夸张，那也不足以因此达到让克莱尔将其完全摒弃的程度。尽管存在夸张，我们也必须对其进行检查。引发夸大反应的原因是什么？难道它实际上并非夸张，而是对一种情感经历的恰当回应？但是这种情感的含义和强度都超出了意识范围，这一经历是否在意识层面和非意识层面分别有着不同的含义？

从克莱尔以后的发展判断，后面那个问题才跟这个病例有关。实际上，克莱尔的感觉就跟在梦里以及早些时候的联想所暗示的一样，尽管陷入痛苦、迷惘、愤怒的负面情绪之中，但是，由于她仍紧抓住那种亲密爱情关系的想法不放，所以，这一认识也无法为她所接受。出于同样的原因，克莱尔忽略了梦中的这个部分：她把所有的钱都放在了行李箱里，又把行李箱寄存在车站。这部分很可能是一种情感的简要表达：她把自己的全部都献给了彼得。车站象征着彼得，同时还隐含着暂时性和冷漠性的意味，这跟家的永久性和安全性是相冲突的。此外，在克莱尔不愿费心对这个梦的带有焦虑性的结尾作出解释时，她便也无视了另一种显而易见的情感因素。她也从来没有作出任何努力，要把这个梦当作一个整体来了解。她满足于对这个或那个因素作出一些肤浅的解释，因此，无论如何，她能从中学到的，不会多于她已经知道的。如果她能探索得更深入，她可能就会发现这个梦的主题：我感觉孤立无助，且不知所措；彼得实在太令人失望了；我的人生就像一只旋转木马，而且我不能跳下来；我找不到解决方法，只能随波逐流，但是随波逐流是危险的。

然而，我们却不能像抛弃跟情感无关的想法那样轻易地抛弃情感经历。也很有可能，克莱尔的愤怒与强烈的迷途感——尽管她在了解这些经历方面的失败非常明显———一直徘徊在她的脑海中，对她随后进行的分析工作起到了一定的帮助。

在精神分析的下一个阶段，仍然要归到抗拒的类目之下。第二天，当克莱尔重新回顾自由联想时，她回忆起了跟梦中的"陌生城市"有关的另一段记忆。克莱尔有一次在一个陌生城市迷了路，由于不懂当地的语言，所以她无法问路，结果误了火车。事后想起此事时，她认为自己的行为实在愚蠢。她本可以买一本双语词典，或她还可以走进任何一家大型旅馆，询问那里的服务人员。但是很明显，她太畏怯太迷惘了，根本开不了口。接着，她脑中突然冒出这样的念头：正是这种畏怯，在她对彼得的失望中也起到了部分作用。克莱尔没有把自己想要彼得回来度周末的意愿表达出来，实际上，她反而鼓励他去乡下看望一位朋友，这样他就能休息一下。

克莱尔想起了幼时的一段记忆，这段记忆跟她最喜欢的玩具娃娃埃米莉有关。埃米莉只有一个缺点：她的头发是廉价的假发。克莱尔非常想给埃米莉换上真正的头发，这样她就可以为娃娃梳头发、编辫子。克莱尔经常站在玩具商店的橱窗前，盯着那些有真正头发的玩具娃娃看。有一天，母亲带她走进了玩具店。母亲在送礼物方面非常大方，她问克莱尔是否想要一个用真头发做的假发套。但是克莱尔拒绝了。真头发做的发套价格不菲，而克莱尔知道母亲手头拮据。从此，克莱尔永远失去了那个用真正的头发做的假发套，然而，即使是现在，这段记忆仍然能让她潸然泪下。

克莱尔失望地认为，尽管在精神分析阶段，她对自己在表达意愿方面的障碍做了大量工作，但仍没有克服这个问题。不过，她同时也感到了极大的宽慰：这仍然存在的胆怯，看上去就是解决她前些天烦恼的方法。这个病人只需要更坦诚地对待彼得，让他知道自己的意愿就可以了。

克莱尔对问题的理解方式说明了，只有部分准确的精神分析可能会以一种方式让我们遗漏掉核心问题，而且会让我们看不清与之相关的问题。它同时也说明了，宽慰感本身并不能证明病人找到的解决方法就是对症的。在这个病例中，克莱尔的宽慰感来自这一事实：通过偶然发现一个假的解决方法，克莱尔暂时成功而巧妙地避开了决定性的问题。如果她不是在潜意识里下定决心要找一种简单的方法，来治疗自己的神经症，克莱尔可能会将更多的注意力放在自由联想上。

这段记忆不仅是克莱尔缺乏自信的又一个例证，它还清楚地表明了克莱尔的一种强迫性倾向，即她要求自己以母亲的需要为重，以避免成为母亲怨恨的对象。同样的倾向也能用来解释当前的情况。可以肯定的是，克莱尔十分胆怯，不敢表达自己的意愿，但是，这种压抑更多的是由潜意识的意向引起的，而非胆怯。根据我了解的情况来看，她的朋友是一个孤僻的人，对于任何加诸于自己身上的要求都非常敏感。那时，克莱尔并没有完全意识到这一事实，但她却清楚地知道，自己会压抑所有跟彼得的时间安排有关的意愿，就像她经常想到结婚的可能性，但却克制自己绝不提及此事一样。克莱尔如果要求彼得回来度周末，彼得也会答应，但会心怀不满。然而，如果对彼得内在的局限性没有一个清醒的认识，克莱尔是不可能认清这一事实的，而这一点对她而言至今仍是不可能的。她更愿意看到在这件事中应主要由自己承担责任的那部分，看到她认为有信心克服的那部分。这也是值得记住的一点：把所有的责任都揽到自己身上，是克莱尔维持一段艰难关系的旧有模式。这也是克莱尔处理与母亲关系的主要方法。

克莱尔把所有的痛苦都归因于自己过于胆怯，这样做的结果是，她不再对彼得感到愤恨，至少在意识层面是如此；而且，她还期望着再次见到他。这种情况发生在第二天晚上。但是，很快又发生了一件新的令她失望的事情。彼得不仅约会迟到，而且看上去颇为厌烦，他看到克莱尔也没有流露出一丝发自内心的喜悦。结果，克莱尔变得不安起来。彼得很快就注意到了她情绪的低沉，而且按照他惯用的手法采取了主动，询问克莱尔是否因为自己没有回来度周末而生气。克莱尔底气不足地否认了，但是，在更深层的精神压力下，她又承认自己确实对此不满。她不能告诉彼得，自己曾做过可悲的努力，想要说服自己不要因此事而心生罅隙。彼得斥责她孩子气，责骂她只考虑自己的意愿。克莱尔感到非常痛苦。

早报上一条关于海难的公告，让克莱尔的脑海里浮现出海

上漂流那段梦的回忆。现在，她有时间可以好好考虑一下这个梦
了，她的脑海中随即浮现出的自由联想。第一个联想是她梦中的
一场海难，她因遇难而在海上漂泊。在她快要溺亡的时候，一个
体格健壮的男子伸手抱住了她，救了她一命。在这名男子身上，
克莱尔找到了一种归属感，一种会被永远保护的感觉：这名男子
会一直把她抱在怀里，永远也不会离开她。第二个联想跟一部小
说有关，小说结尾的风格跟上一个联想相似。一个有过多段悲惨
情感经历的女孩，最终遇到了值得这个女孩爱，并且对这个女孩
忠诚、能让这个女孩依靠的男人。

　　然后，克莱尔回忆起了梦中的另一个片段。那时候，她和
布鲁斯很熟，这位老作家委婉地允诺，可以做她的良师益友。在
那个梦里，她和布鲁斯手挽着手散步。他就像一位英雄，或一位
神仙般的伟大人物。而她则完全沉浸在幸福中。能得到这样一个
男人的青睐，简直是得到了上天的恩惠。回想这个梦的时候，克
莱尔笑了，因为她以前盲目地高估了布鲁斯的才华，只是到了后
来，她才看清了他狭隘而死板的种种顾忌。

　　这段记忆让她回想起了另一个联想，或者说，她常做的一个
白日梦。这个白日梦发生在她迷恋布鲁斯那段时间之前，对她的
大学生活曾发挥过重要作用，然而她几乎快要把它忘记了。这个
白日梦是围绕着一个伟大人物的形象展开的，此人天生具备非凡
的智慧、悟性过人、德高望重、家财万贯。他想方设法接近克莱
尔，向她献殷勤，因为他察觉到在她不显眼的外貌下隐藏着巨大
的潜力。他知道，只要给克莱尔一个好的契机，她就会蜕变，不
但容貌昳丽，而且在事业上也能取得令人瞩目的成就。他把自己
所有的时间和精力都投入到了克莱尔的身上，以促进她的发展。
他宠溺克莱尔，不仅将她装扮得美丽迷人，而且还给了她一个幸

福的家。而克莱尔必须在他的指导下努力工作，不仅要成为一名出色的作家，还要具备高尚的情操和优雅的仪态。这样，他把克莱尔从一只丑小鸭变成了美丽的天鹅。这是皮革马列翁[1]效应，是依据青春期少女对自己的发展设想出来的。除了完成自身的蜕变，她还需要和自己的伴侣携手走向未来。

对这一系列联想，克莱尔的第一个解释是，它们表达了对一种永恒之爱的渴望。克莱尔认为，这种爱是每一个女人都想要得到的。然而，她还认为，这一意愿之所以在现在变得强烈，是因为彼得没有给她安全感，没有给她永恒的爱。

能联想到这些，说明克莱尔实际上已经接触到了问题的本质，只是她自己还没有意识到而已。克莱尔所渴望的这种"爱"，直到后来才为她所察觉。否则，她解释中最重要的部分，就应该是陈述这一说法，彼得并没有给克莱尔所希望的爱和守护。克莱尔是偶然提到这一点的，当时她表现得好像自己一直对此了然于胸。但实际上，这是克莱尔第一次有意识地认为，自己对这段关系怀有很深的不满。

我们似乎有理由猜测，这一表面上意外的认知可能是前段时间分析工作的结果。当然，最近的两次失望也起到了一定的作用。但是，克莱尔先前也有过类似的失望，只是她并没有获得这种自我认知。而在达到这一点之前的精神分析工作中，克莱尔在意识层面错过了所有的主要因素，这一事实并不能证明该猜测是错误的，因为尽管存在这些错失，还是有两件事发生了。首先，在陌生城市的那个梦里，她产生了迷途感，对这种发现，她有过

---

[1] 皮格马利翁是希腊神话中的塞浦路斯国王，爱上了自己雕刻的一座少女像，爱神被她打动，赐予雕像生命，让两人结为夫妻。

一段很深刻的情感经历。其次，她的诸多联想虽然没有任何一种能将人引向意识层面的一种澄清，然而，它们却都在围绕着关键问题，而且这个圈子越来越小，这说明克莱尔的神经症人格倾向已经非常明显了，这种情况通常只有在一个人接近一种自我认知的时候才会出现。我们也许想知道，像克莱尔这段时间的情况是否说明了，只要是具有她这样的想法和情感，就能帮助我们将一些因素——即使这些因素仍处于意识层面以下——聚焦到关键点上。这一猜测隐含的前提是：我们不仅要有意识地正视有价值的问题，而且我们所采取的每一步都要朝着这个目标前进。

不过，在随后的几天里，克莱尔在检查前面提到的最后几个联想时，注意到了更多的细节。她发现，在这个系列的前两个自由联想中，男性都扮演了救世主的角色。一名男子在她快要溺亡的时候救了这个病人；另一名男子，也就是小说中的男子守护了女孩，使这个女孩免受凌辱和虐待。布鲁斯和她白日梦里的伟大人物，虽然没有把她从任何危难中解救出来，却也同样扮演了保护者的角色。克莱尔在观察拯救、守护、保护这一重复出现的主题时，她意识到自己渴望的不仅是"爱"更是保护。她还意识到，对自己而言，彼得的价值之一就是，他愿意而且也有能力给予她建议，能在她感到悲伤的时候给予她安慰。在这一背景下，克莱尔回忆起了一件事，她认为这件事情已经有很长一段时间了，即在受到攻击或承受压力的时候，她毫无防御能力。我们已经讨论了这一点，这是克莱尔对他人产生心理依赖的原因之一。现在，克莱尔意识到，这件事反过来让自己产生了一种渴求他人保护的需求。最后，克莱尔认为，无论何时，只要生活遇到困难，她对爱情或婚姻的渴望就会一直增强，变得十分强烈。

这样，在认为保护需求是自己爱情生活中的一项基本要素之后，克莱尔的分析工作向前迈进了一大步。这一个看似无害的需求，包含了诸多要求，而且发挥着重要作用，而这一切都是在很长一段时间之后才变得清晰起来。把克莱尔从同一个问题中获得的第一个自我认知和最后一个自我认知——这一自我认知涉及她的"个人信仰"——做一个对比，也是很有意思的。这一对比揭示了分析工作中经常会发生的一种情况。我们看一个问题，首先看到的是它的外部轮廓。除了它存在这一事实，我们对它并没有深入的自我认识。过段时间，回头再来看同样的问题，我们对它的含义却能获得更深刻的了解。在这种情况下，如果我们认为后来得到的发现不是新的，而是我们原本就知道的，那么，这种发现就是毫无根据的。其实，我们并不了解它，至少在意识层面是如此，但现在，引导我们了解它的道路已经铺好了。

尽管克莱尔的第一个自我认知有些肤浅，但是仍然给她的心理依赖带来了最初的打击。但是，在这个病人对自己的保护需求只有一个莫名的感觉时，她还认识不到这种需求的本性，因此，她也无法得出这一结论：该需求是她障碍中的基本要素之一。此外，克莱尔还忽略了与伟大人物有关的那个白日梦里面的所有信息。那些信息表明，克莱尔对这个男人的期望，并不仅是保护，她还期望这个男人承担更多的责任。

下一个病例的讨论定在六个星期之后。克莱尔在这几个星期里做的笔记并没有提供任何新的精神分析素材，但是它们包含一些相关的自我反省。这些反省跟她的无法独立有重大关系。以前，克莱尔总是以一种避开所有独处时期的方式来安排自己的生活，所以她从未意识到自己的这种抑制。现在，克莱尔注意到，在只有自己一个人的时候，自己就变得焦虑，或感到疲惫。那些她原本很享受的事情，在她独自一人的时候，就失去了意义。尽管工作的内容相同，她在办公室里、在有同事相伴的时候，比在家里一个人时，完成得更出色。

在这段时间里，克莱尔既没有试着去了解这些观察所得，也没有作出任何努力以进一步查探自己的最新发现。考虑到这一发现的极端重要性，克莱尔没有进一步探索该问题的举动自然就显得引人注目。如果把克莱尔以前在检查自己和彼得关系时所表现出来的不情愿与此事联系起来，我们有理由推测，取得了最近这个发现之后，克莱尔更清楚地认清了自己的心理依赖问题，而这一认识超出了她当时能够忍受的限度，所以她停止努力、中断了自己的分析工作。

刺激克莱尔重新开始自己的分析工作的，是一次强烈的情绪波动，这件事发生在她和彼得共处的一个晚上。那晚，彼得出乎意料地送给她一件礼物，那是一条漂亮的围巾，这让克莱尔喜出望外。但后来，她感到一阵突如其来的厌烦，整个人也变得冷淡下来。这种抑郁情绪发生在克莱尔开始谈起暑假计划这件事之后。克莱尔对计划很热心，彼得却一副无精打采的样子。彼得是这样解释自己的反应的：在任何情况下，他都不愿意制订计划。

次日清晨，克莱尔记起梦中的一个片段。她看到一只硕大的鸟儿，那只鸟有着辉煌灿灼的羽毛，动作优雅，仪态万方，但是它飞走了。克莱尔看着它越飞越远，身影越来越小，直到完全消失。然后，她从焦虑中醒来，仍能感受到一种坠落感。在她还没有完全清醒的时候，"鸟儿飞走了"这句话触动了她，克莱尔立刻意识到这句话表达了自己对失去彼得的一种恐惧感。后来，一些联想也确认了克莱尔这一凭直觉获得的解释：曾有人把彼得比作一只永远不会落下来的鸟；彼得外貌出众，还是一名优秀的舞蹈家；鸟的美带有一些虚幻的成分；还有一段关于布鲁斯的记忆，克莱尔曾认为这个男人具有一些他实际上并不具备的品质；克莱尔反躬自省，是否也曾这样美化过彼得；主日学校有首歌，大意是有人向耶稣祈求，请袘庇护自己的孩子。

就这样，克莱尔通过两种方式将自己对失去彼得的恐惧表达了出来：其一，鸟儿飞走了；其二是一种幻想。鸟儿曾把她庇护在自己的羽翼下，后来又抛弃了她。后一种想法，不仅能从那首歌中找到暗示，而且还能从她醒过来时的那种坠落感中得到证实。在耶稣庇护袘的孩子们这个象征里，保护需求这个主题再次出现。从后面的发展来看，这一象征所具有的宗教意义绝不是偶然出现的。

对于美化彼得的暗示，克莱尔并没有继续深入研究。但是，她看到了这种可能性，这一事实本身就值得注意。一段时间之后，克莱尔敢于审视彼得，这件事也许为此铺平了道路。

然而，在克莱尔看来，把害怕失去彼得的恐惧作为自己解释的主题，不仅是从梦中推导出来的必然的结论，而且她还能深切地感受到它的真实性和重要性。这既是一次情感经历，也是对一个关键性因素的智力识别，而这些，在下面的事实中表现得非常明显：克莱尔至今一直没有理解的很多反应突然变得清晰明了。首先，克莱尔意识到，前一天晚上，她觉得失望的不仅是彼得不愿意谈论两个人的假期。实际上是彼得的缺乏兴致引起了她的恐惧，她害怕被彼得抛弃，这种恐惧又进一步导致了她的疲乏和冷淡，并成为刺激克莱尔的梦产生的诱因。同样的解释也适用于很多其他类似的情况。各种各样的事情涌上心头，那些让她以为受到伤害、失望、恼怒的事情，或像前一天那样，她毫无缘由地就感到疲惫、抑郁。克莱尔觉得，不管这其中是否还可能包含着其他什么因素，所有这些反应都如出一辙。假如彼得迟到了，假如他没有打电话过来，假如他专注于其他事情而忽略了她，假如他想离开她，假如他神经紧张或容易发怒，假如他对跟她的性事不感兴趣——所有这些都是由克莱尔那种对被抛弃的恐惧激起的。此外，克莱尔还明白了，有时自己和彼得在一起时爆发的一些愤怒，不是因为琐碎的争吵，也不是因为彼得常常指责她的那种自行其是，只是出于同样的恐惧。克莱尔的愤怒是通过一些琐碎小事表达出来的，例如，对一部电影持有不同的意见、对于不得不等待彼得而心生恼怒等诸如此类的事情，但实际上，她的愤怒是由对失去彼得的恐惧导致的。反之，在收到一件来自彼得的意外之礼时，克莱尔就喜出望外，在很大程度上，它意味着克莱尔的恐惧得到了突然的缓解。

最后，克莱尔把自己对被抛弃的恐惧和独处时的空洞感联系在了一起，但是，对于这一联系，她并没有得出任何决定性的认识。她害怕独处，才会对抛弃产生如此强烈的恐惧吗？还是说，独处对她而言就意味着被人抛弃？

尤为引人注目的是，分析工作的这一阶段阐明了一个令人吃惊的事实：对于实际上具有毁灭一切力量的一种恐惧，一个人可能会毫无察觉。现在，克莱尔看到了自己的恐惧，而且还看到了这种恐惧对自己和彼得的关系所造成的障碍，这是一个明显的进步。这一自我认知和克莱尔先前获得的与她的保护需求有关的自我认知之间，存在两种联系。这两种自我认知都表明了，恐惧对他们两个人的关系的影响已经达到了何种程度。此外，更明确的一点是，在一种程度上，对被抛弃的恐惧也是保护需求的一种结果。如果克莱尔认为彼得懂得保护自己，使自己免受生活中的种种磨难，那么她可能就承受不起失去彼得的痛苦。

对于被抛弃的恐惧的本质，克莱尔的理解还远远不够。克莱尔还没有意识到，自己浓烈的爱只不过是一种心理依赖。因此，她也不可能认为，自己的恐惧是源自这种依赖。在这一背景下，克莱尔突然想到自己无法独处这个意义不明的问题，实际上，这个问题比她认为的更要切中关键，这一点我们稍后会看到。可是，因为这个问题含义模糊，还存在太多的未知因素，因此克莱尔甚至还无法对此进行准确的观察。

就目前的情况而言，克莱尔对收到围巾时的快乐做的自我分析是准确的。毫无疑问，她的兴奋感中的一个重要因素是，这一友好的行为暂时缓和了她的恐惧。克莱尔没有考虑到这其中涉及的其他因素，这一点绝不能归咎于一种抗拒。那时，克莱尔正专注于进行自我分析害怕被抛弃的问题，因此她只看到了跟该问题有关的特定的那个方面。

大约一个星期之后，克莱尔意识到，自己收到礼物时的兴奋里还隐含着其他的因素。通常情况下，克莱尔不喜欢在看电影的时候落泪，但是在那个特殊的晚上，当她看到电影中一个处境悲惨的女孩得到了意想不到的帮助和友情时，她忍不住热泪盈眶。她嘲笑自己，竟如此多愁善感，但这样的自嘲并没能止住眼泪，后来，她以为有必要找出自己这种行为的原因。她首先回忆起了这种可能性：她自己潜意识里的一种不幸，通过对电影中的人物表示伤感的形式发泄了出来。而且，毫无疑问，她确实找到了让自己发现不幸的原因。但是，顺着这一想法进行的自由联想并没有收到任何结果。不过，到了第二天早上，她突然意识到了问题所在：自己并不是在电影中的女孩生活困难的时候落泪的，而是在这个女孩的境况发生了出乎意料的好转的时候落泪的。此外，她还意识到了自己前一天忽略了的事情，即，自己总是会在那样的时刻落泪。

　　接下来，克莱尔的自由联想也证实了这一点。她记起来，在童年时期，每次听到仙女教母把许许多多令人惊喜的礼物送给灰姑娘时，她总是会哭起来。然后，她收到围巾时的喜悦之情再次涌上心头。下一个记忆跟发生在克莱尔婚姻里的一件事情有关。一般来说，克莱尔的丈夫只在圣诞节或生日这种应当送礼物的节日才会送她礼物。但是有一次，丈夫的一位重要的商业伙伴来到镇上，他们陪她到一家裁缝店，帮她挑选一件礼服。克莱尔在两件衣服之间犯了难，不知该如何决定。当时，她的丈夫做出了一个很大方的举动，建议克莱尔将两件衣服都买下来。尽管克莱尔知道，丈夫的这一举动并不完全是为了自己，他是想给生意伙伴留下一个好的印象，然而，克莱尔还是非常高兴，并且，跟其他衣服比起来，她更珍视这两件特别的衣服。最后，克莱尔回忆起了跟那位伟大人物有关的白日梦中的两个情景。一个情景是，完全出乎克莱尔的意料，那名卓越的男子对她青睐有加，他对她格外偏爱。另一个情景与他送给她的所有礼物有关，克莱尔不厌其烦地给自己一一介绍这些礼物：他建议的旅行、他挑选的旅馆、他带回家送给自己的睡衣、他们去豪华餐馆用餐。他对克莱尔的照顾面面俱到，而他从来不会提出任何要求。

　　想到这里，克莱尔意外地发现：这就是自己所谓的"爱"！克莱尔想起一位朋友，这位朋友公开表示自己奉行单身主义，他认为女人的爱只是用来剥削男人的借口而已。克莱尔还回忆起了苏珊，这位朋友曾说过，那些常见的关于爱的浩如烟海的言论都令她作呕，这话让克莱尔极为震惊。苏珊说，爱情只不过是一项公平的交易，在这场交易里，双方各尽其责，创造良好的同伴关系。克莱尔对此极为震惊，她认为苏珊的态度完全是愤世嫉俗，苏珊简直是铁石心肠，她竟否定了感情的存在及其价值。但是，克莱尔认为自己把某种期待错当成了爱情。也就是说，她期望着，有人把各种有形无形的礼物盛放在一个银盘子里，赠送给自己。她的爱根本就是一种寄生，只是依赖他人生活罢了。

这当然是一个完全出人意料的自我认知，但是，克莱尔尽管对这样的自己感到痛苦和惊讶，却很快又深感宽慰。她以为自己实际上已经发现了，在造成自己的爱情关系处于艰难境况的原因中，自己应付的那份责任，而且，觉得自己的发现是正确的。

克莱尔完全沉浸在自己的发现里，反而将引发自己该阶段分析工作的那件事，也就是在电影院落泪的那件事彻底抛在了脑后。不过，她第二天就想起这件事了。眼泪表达了一种无法克制的慌乱，一想到最隐秘最热切的愿望突然实现了、祈求了一生的事情得到了满足、从不敢奢求的美梦成了真，她就不由自主地慌乱起来。

在接下来的几个星期里，克莱尔从几个方向采取行动，进一步加强所获得的自我认知的效果。在回顾自己最近一系列联想的时候，克莱尔发现几乎所有的事情强调的都是意料之外的帮助或礼物，这一点让她很吃惊。针对这一情况，克莱尔发现最后一条记录里至少应隐含着一条线索，那条记录跟她的白日梦有关，在那个梦里她从来不需要开口要求任何东西。从此，她进入了自己熟悉的领域，这种熟悉来自她以前的分析工作。因为克莱尔以前有压抑自己愿望的倾向，而且现在，她仍会在一种程度上抑制自己去表达意愿，所以，她需要一个能帮自己表达意愿的人，或一个能猜出自己的愿望并帮自己实现的人，这样一来自己就不需要为此做任何事情了。

克莱尔探索的另一个方向，跟她的接受性和依赖性态度的反面有关。克莱尔意识到，自己的付出很少。例如，她认为彼得永远把自己的烦恼和利益放在心上，但她却从未主动为彼得分担过。她认为彼得对自己温柔、充满深情，但她却极少表露过自己的感情。她只会作出回应，却把主动权交给了彼得。

另一天，克莱尔再次翻阅自己的笔记，查看自己的心情由兴奋转向抑郁那晚的记录，她发现了跟自己的疲乏有关的另一个可能因素。克莱尔怀疑，自己的疲乏感也许不仅跟自身产生的焦虑有关，还跟自己压抑了因为愿望没有实现而产生的愤怒有关。果真如此的话，克莱尔的愿望就不是如她以为的那样无害了，因为在那种情况下，这些愿望必然包含了一定分量的要求，即克莱尔要求它们得到实现。克莱尔把这个问题搁置了。

这一阶段的分析，对克莱尔和彼得的关系产生了立竿见影的有利影响。克莱尔变得比以前主动多了，她积极分享她的兴趣爱好，会为自己的愿望考虑，而且她不再只是被动地接受。此外，克莱尔突然暴怒的情况也完全消失了。尽管有理由认为，克莱尔对彼得的要求确实得到了一定程度的节制，但我们很难确定，克莱尔的那些要求是否有所降低。

这一次，克莱尔在面对自己的发现时表现得如此诚实，我们几乎没有什么需要补充的了。不过，还有一点值得注意：六个星期以前，也就是有关伟大人物的白日梦第一次出现的时候，同样的信息就已经出现了。当时，克莱尔想要抓住那份虚构的"爱"的需求仍然十分强烈，所以她能做的，只不过是承认自己的爱带有保护需求的色彩。即使是在她承认的这一事实中，克莱尔可能也会觉得，这种保护需求只是用来增强自己的"爱"的一个因素而已。尽管如此，正如前面提到过的，早期的这一自我认知仍然对她的心理依赖症造成了最初的打击。发现自己的爱中存在一定分量的恐惧，是克莱尔的分析工作取得的第二个进步。下一个进展是，克莱尔提出了这个问题：自己是否过高估计了彼得——尽管这个问题尚未得到解答。只有在穿过这重重迷雾之后，克莱尔才最终发现，自己的爱并不纯粹。也只有到了这个阶段，克莱尔才能承受住幻灭的打击，认为自己把名目繁多的期望和要求错当成了爱。她还没有走到最后一步，还没有认为自己的心理依赖是由自己的种种期望导致的。否则，这一分析片段无论如何都将成为一个范例，告诉人们抓住一种自我认知进一步探求会得到什么。克莱尔注意到，自己对他人的期望，主要是由于她自己的意愿或为自己做事的行为受到了压抑而造成的。克莱尔意识到，自己的依赖态度削弱了她回馈别人的能力。克莱尔还诊断出了自己的一种倾向，即如果她的期望遭到拒绝或受到挫折，她就感觉受到了冒犯。

实际上，克莱尔所期望的，主要跟无形的东西有关。尽管存在显而易见的证据可以反驳这一点，但在本质上，克莱尔并不是一个贪婪的人。我甚至可以说，克莱尔只是把接收礼物当作是诸多不那么具体却更加重要的期望的一个象征罢了。克莱尔要求自己得到这样的关爱：她可以不必作出决定，判断孰对孰错；她不需采取主动；她不必对自己负责；她不需要去解决那些烦扰的外部困难。

几个星期过去了，在这段时间里，克莱尔和彼得的关系大体上比以前和谐了很多。最终，他们制订了一个共同出游的计划。由于彼得长时间的犹豫不决，克莱尔原本的兴奋几乎都被破坏殆尽，不过，所有问题都解决了之后，克莱尔确实又对这个假期充满了期望。但是，在他们就要出发的前几天，彼得告诉克莱尔，他的生意刚好这段时间很不稳定，他一刻也不能离城外出。克莱尔先是勃然大怒，继而又绝望抗争，而彼得则指责她，说她蛮不讲理。克莱尔试着接受彼得的责备，并努力说服自己，让自己认为彼得是正确的。平静下来之后，克莱尔提议，自己独自去一个离城只有三小时车程的度假地，这样彼得就可以随时在他时间允许的时候来和她见面。彼得没有明确拒绝这一安排，但是，在支支吾吾了几句之后，他说，假如克莱尔能更理智地处理问题，他原本会很乐意接受这一提议，但是考虑到克莱尔在每一次感到失望时的反应都极其狂躁，而他又无法掌控自己的时间，他预料得到，两个人之间唯一会发生的就是争执，因此他认为克莱尔在制订计划的时候不要把他考虑在内会比较好。彼得的这番话再一次把克莱尔推进了绝境。那天晚上的事情是以彼得对她的安慰结束的，他允诺说假期的最后十天会陪她一起度过。克莱尔得到了保证，心安了下来。克莱尔从心底同意彼得的安排，她决心要沉住气，不再轻易发火，要满足于彼得给予她的东西。

第二天，在试图对自己的最初的愤怒反应进行分析时，克莱尔产生了三个联想。第一段回忆是她小时候曾因为扮演过悲苦的角色而遭到嘲笑。这段记忆经常会浮现在她的脑海中，但是现在，在克莱尔眼中，它却呈现出了一种新的意义。以前，克莱尔从未想过这个问题：别人用这种方式取笑自己是否是错的。以前，她只是把它当作一个事实接受了。现在，克莱尔第一次开始明白，这件事是其他人不对；她明白自己实际上是遭到了歧视；他们对她的戏弄不但伤害了她，还侮辱了她。

接着，克莱尔回忆起了另一段记忆，那是她五六岁时发生的事情。那时，她经常和哥哥以及他的伙伴玩耍。有一天，他们告诉她，在离他们玩耍地方的不远处有一片草地，那里有一个隐蔽的洞穴，里面住着一伙强盗。克莱尔毫不怀疑地相信了这件事，而且每次走近那片草地的时候都会吓得发抖。后来有一天，他们嘲笑她，竟然真的相信他们的谎言。

最后，克莱尔回忆起了自己那个关于陌生城市的梦，回忆起了她看到了畸形人演出和赌场的那一段。而现在这个病人意识到，这些象征物表达了比那次暂时性愤怒更多的东西。克莱尔第一次意识到，彼得身上带有一些虚假性、欺骗性的东西。这其中并不存在任何蓄意欺骗的意思。但是，他不由自主地扮演这种角色：自己永远都是对的、永远高人一等、永远慷慨大方，而且，他身上还存在致命的弱点。彼得很擅长隐藏自己的不足，在他向克莱尔的愿望作出让步时，并不是出于爱和宽容，而是因为他自身的软弱。后来，他对克莱尔还冷酷无情。

直到此刻，克莱尔才发现，自己前一晚的反应主要不是由失望引起的，而是因为彼得漠视她的情感，对她的痛苦表现得麻木不仁。他告诉克莱尔自己不能如期赴约时，并没有流露出丝毫同情。他的态度冷漠，既不感到遗憾，也不心生怜悯。只是在那晚快结束的时候，克莱尔失声痛哭时，彼得才表现出了一点柔情。在这期间，彼得就让克莱尔忍受着痛苦的折磨。他给克莱尔留下了这样的印象：一切都是她的错。实际上，彼得的做法，跟克莱尔的母亲和哥哥在她童年时对她的所作所为是一样的，都是先践踏她的感情，然后再让她感觉内疚。顺便提一点，在此，看到克莱尔因为鼓起勇气抗拒，而让一个联想片段的含义变得更加清晰；看到克莱尔对过去的阐释反过来又帮助她，让现在的她变得更加逻辑清晰，这是很有意思的。

然后，克莱尔回忆起很多事情，彼得曾或含蓄或直白地作出过承诺，但却没有遵守。此外，她还认为，彼得的这种行为还有一些更重要、更无形的表现方式。例如，克莱尔看到，彼得给她营造了一个深情的、永恒的爱的假象，然而他自己却急于抽身离开。这看上去似乎是，他让自己和克莱尔都沉醉在爱情之中。克莱尔受了骗，就像她小时候对那个强盗的谎言信以为真一样。

最后，克莱尔回想起，在早期那个梦以前，自己曾产生过的一些联想：她回忆起了自己的朋友艾琳，艾琳的爱在生病期间消退无踪；她还回忆起了那部小说，女主人公认为丈夫和自己的感情疏离。现在，克莱尔认为，这些想法比她之前认为的，还有更重要的隐含意义。她内心深处有一部分非常想要脱离彼得。尽管对这一自我认知感觉不快，克莱尔还是感到了宽慰，暖彻心扉。

进一步探究获得的自我认知，让克莱尔开始产生了这样的疑问：自己为什么花了这么长时间才看清彼得？一旦意识到了彼得的这些个性特征，克莱尔便觉得它们看上去非常明显，想要忽略是很难的。然后，克莱尔意识到，自己有很强烈的忽视它们的欲望：任何东西都不应该阻碍她，她要看到彼得成为她白日梦中的那个男人。同时，克莱尔还第一次看到了，自己用同样的方式顶礼膜拜的一系列人物形象。这个人物系列是从她的母亲开始的，她把母亲当成了自己的偶像。随后是布鲁斯，这是一个在很多方面跟彼得相似的典型人物。接着是白日梦里的男人，还有很多其他人。现在，她梦里的那只鸟，很明显是她美化彼得的一个具体化象征。克莱尔总是好高骛远，她才在很长的时间里，看不清彼得。

在此，我们可能始终绕不开这种印象：克莱尔的这一发现根本算不上发现。她难道不是很久以前就发现了彼得极少履行自己的诺言？是的，数月之前克莱尔就已经看到了这一情况，但是她当时既没有严肃对待这件事，也没有对彼得的整体不可靠程度作出正确评价。那时，她的想法主要是表达自己对彼得的愤怒；而现在，她的思想具体化了，形成了一种观点、一种判断。此外，克莱尔那时也没有看到，彼得正直、慷慨的外表之下，还隐藏着性虐待的倾向。只要克莱尔还盲目地期盼着彼得实现她所有的需求，她就不可能获得这种清晰的洞察力。现在，克莱尔认为，自己的种种期望都是不切实际的，她想要把两个人的关系建立在公平合理的基础上。这种认知，让克莱尔变得比以前更坚强，使得她现在敢于正视彼得的缺点，也因此敢于撼动这段关系建立的基础。

克莱尔在进行自我分析时采用的方法，有一个值得学习的特点：她首先会在自己身上寻找造成自身障碍的根源，而且，只有在这一步工作完成之后，她才会继续探究彼得应负的那部分责任。起初，克莱尔的自省是想要找到一条比较容易的线索，以便循着这条线索，解决她和彼得关系中的种种问题，但这一举动最终却引导克莱尔获得了有关自身的一些重要自我认知。进行自我分析的每个人，不仅要学会了解自己，还要学会了解他人，因为其他人也是其生活的一部分，但是，从了解自己开始要稳妥得多。如果陷入自身的种种矛盾冲突之中，他获得的有关他人的图像通常也会失真。

根据克莱尔在整个分析工作进程中所收集的有关彼得的信息，我推断，她对彼得人格的分析基本上是正确的。不过，克莱尔仍然遗漏了很重要的一点：无论彼得本人是出于什么原因，他都已经决定要离开克莱尔了。当然，彼得表面上不断许下的爱的诺言，必然干扰了克莱尔的判断。另一方面，这一解释并不完全充分，因为它还留下了两个没有解决的问题：克莱尔想要获得有关彼得清晰图画的努力为什么在当时中止了？在并没有付诸行动的情况下，克莱尔为什么能够设想，自己很向往离开彼得，同时却又对彼得想要摆脱她的可能性视而不见？

　　既然还有两个问题遗留了下来，那么显然，克莱尔想要分手的愿望就不可能保持很长时间。一离开彼得，克莱尔就会快快不乐；而只要跟彼得在一起，她就会屈服于他的魅力。此外，一想到孤身一人的境况，克莱尔还是会无法忍受。因此，这段关系仍然维持着。克莱尔对彼得的期望减少了，她本人也更加温顺了，但是她的生活仍然以彼得为中心。

　　三个星期以后，克莱尔喃喃地叫着玛格丽特·布鲁克斯这个名字从睡梦中醒来。她不确定自己是否梦到了这个人，但她立刻就领会到了这个名字的含义。玛格丽特是克莱尔的一位已婚朋友，她们已经很多年没有见面了。尽管玛格丽特的丈夫对她很残酷，会无情地践踏她的尊严，但玛格丽特仍然可怜兮兮地依赖着他。他从不把玛格丽特放在眼里，而且会当着别人的面挖苦玛格丽特；他有好几个情妇，甚至把其中一个带回了家。玛格丽特在感到绝望的那些日子里，经常会向克莱尔抱怨。但她最终总是会妥协，跟丈夫重归于好，而且玛格丽特相信自己的丈夫会成为最好的丈夫。对于玛格丽特的这种依赖，克莱尔感到很吃惊，对她缺乏自尊的行为，卡莱尔也很鄙视。然而，她给玛格丽特的建议却是一心一意留住丈夫，或想尽办法把丈夫的心赢回来。她和朋友一样，怀着这样的想法：最后一切都会好起来的。克莱尔清楚，那个男人不值得玛格丽特这么做，但是既然玛格丽特这么爱他，这似乎就成了最可取的态度了。现在，克莱尔认为当时的自己非常愚蠢，克莱尔本应该鼓励玛格丽特离开她的丈夫。

　　但是，现在让克莱尔心烦的，并不是她以前对待朋友处境的那种态度。让克莱尔吃惊的是，她和玛格丽特之间的相似之处，这一点在她醒过来的时候突然涌现在心头。她从未想过自己身上也存在心理依赖。此刻，克莱尔的头脑异常清晰，她意识到，自己现在面临着和玛格丽特同样的处境。她紧抓着一个男人不放，这个男人并非真的爱她，而她对这个男人的价值也持怀疑态度，就这样，她也丧失了尊严。克莱尔看到，一条条牢不可破的绳索把自己紧紧捆绑在了彼得身上，生活中如果没有彼得，也就失去了意义，变得百无聊赖。没有了彼得，社交生活也好，音乐也好，工作、事业、感情等等一切都变得不重要了。她心情的好坏取决于他，她的时间和精力都用在了对他的思念上。就像人们常说的，不管离家多远，猫最终都会回家一样，不管彼得如何对待克莱尔，她总是会回到他的身边。在接下来的日子里，克莱尔一直都活得恍恍惚惚。这一自我认知并没有起到任何宽慰作用，它只是让克莱尔清楚地发现自己身上的种种枷锁，进而愈发痛苦。

心情恢复了一定的平静之后，克莱尔领悟到了自己的发现中的一些含义。她对自己害怕遭到抛弃的那种恐惧的含义有了更深的了解：因为她所承受的种种束缚对她而言是必不可少的，所以解除束缚就让她产生极深的恐惧，而只要存在心理依赖，这种恐惧就存在。克莱尔认为，自己不仅把母亲、布鲁斯和丈夫当作英雄来崇拜，而且还很依赖他们，就像她依赖彼得一样。克莱尔意识到，自己永远也不能保持任何体面的自尊，因为在克莱尔的意识里，跟失去彼得的恐惧相比，她的自尊心是否受伤根本无足轻重。最后，克莱尔认为，自己的这种依赖对彼得而言一定也是一种威胁、一种负担，而这后一种自我认知让她对彼得的敌意大为减轻。

认识到自身的心理依赖会严重地破坏自己的人际关系，克莱尔采取了明确的态度，要克制这种心理依赖。这一次，她实际上并没有作出决定要通过分手的方法解决这一难题。首先，克莱尔知道自己做不到这一点，此外，克莱尔认为，既然自己已经看到了问题所在，那么她就能够在维持与彼得的关系的同时，将问题解决。克莱尔让自己确信这一点：这段关系毕竟还有价值，因此就应该维持并巩固它。克莱尔认为，自己完全有能力将这段关系建立在一个更加稳固的基础之上。因此，在之后的一个月里，除了她的分析工作，克莱尔还作出了实实在在的努力，尊重彼得保持距离的要求，而且她还用更加独立的方式来处理自己的事情。

毫无疑问，在分析的这一阶段，克莱尔取得了重大进展。克莱尔甚至完全独立，发现了她的第二种神经症人格倾向——第一种是她的强迫性谦卑——而且，她毫不怀疑这一倾向的存在。克莱尔认清了这一倾向的强迫性，还认清了它对自己爱情生活的危害。然而，克莱尔还没有看到这一倾向是如何妨碍她的日常生活的，她也远没有意识到它具有多么可怕的力量。如此一来，克莱尔便过高估计了自己获得的自由。在此，克莱尔采用了那种常见的自欺欺人的方法，她告诉自己：认清了一个问题，也就是解决了该问题。把与彼得的关系继续维持下去的解决方法，实际上只是一种妥协。对于这一倾向，克莱尔愿意作出一定程度的改变，但她还不愿意放弃。这也是为什么她尽管已经对彼得有了更深刻的了解，却还是低估了他的缺陷的原因。正如我们不久后将要看到的，彼得的缺点比克莱尔认为的要严重、顽固得多。同样被克莱尔低估的，还有彼得想要离开她的意愿。克莱尔觉察到了这一点，却认为能够通过自己对他态度的转变，重新赢回彼得的心。

数周后，克莱尔听说，有人在散布谣言中伤自己。她并没有受到干扰，但却因此做了一个梦。在梦里，克莱尔看到了一座塔，这座塔矗立在一片宽广无垠的沙漠中；塔的顶部是一个简陋的平台，平台四周没有任何护栏，一个人站在平台边缘。克莱尔醒来时，感到了轻度的焦虑。

　　沙漠给克莱尔的印象是荒凉、危险，它让克莱尔回忆起了一个带有焦虑性质的梦。在梦里，她走在一座桥上，那座桥的中部已经断了。对克莱尔而言，塔顶的人只是孤独的象征，实际上，她确实感觉如此，因为彼得已经离开好几个星期了。接着，"孤岛二人行"这句话突然浮现在她脑中。这让克莱尔想到自己偶尔会幻想的一个场景：她和心爱的男子与世隔绝地生活在山里或海边的一个小木屋里。因此，这个梦对克莱尔而言，最初只意味着是她对彼得思念的表达，以及彼得不在身边她感到的孤独寂寞。克莱尔还察觉到，这种感觉受到前一天她听到的消息的影响，变得强烈了。克莱尔意识到，那些诋毁自己的话一定引发了自己的忧虑，并且加重了自己的保护需求。

　　在重新审视自己的联想时，克莱尔产生了一个疑问：当时，自己为什么丝毫没有注意到梦中的那个塔，这时，她的脑海中突然浮现出一段影像——这段影像偶尔会出现——影像中，她站在沼泽中央的一根柱子上，无数的手臂和触须从沼泽中伸出来，向她抓去，好像要把她拖进沼泽里一样。在这个幻想中，只有这一段影像，此外并没有发生其他事情。对此，克莱尔从未给予更多的关注，她只是看到了其中最明显的含义：她害怕被拉进一个肮脏、污秽的东西里去。那些谣言一定是唤起了她的这种恐惧。但是现在，克莱尔突然看到了这段影像的另一面，即把自己置于众人之上。和塔有关的那个梦也表达了这种意思。世界死气沉沉、荒凉孤寂，但她却凌驾于世界之上。世界所有的危险都无法伤害她。

　　因此，克莱尔这样解释这个梦的含义：那些谣言让她感到羞耻，于是她采取了一种非常傲慢的态度来保护自己；然而，她把自己置于这般高处不胜寒的位置，其实心里却是惊恐的，因为她感觉极不安全，根本承受不了；站在这样的高度，她势必需要别人的扶持，然而她又没有人可以依靠，所以便感到恐慌起来。克莱尔几乎立刻意识到了这一发现所隐含的更广泛的含义。目前为止，她看到的情况都是：她需要有人支持她、保护她，因为她自己毫无防御能力，也没有信心。现在，她意识到了自己偶尔会走向另一个极端——傲慢，即使在这样的情况下，她也必须要有一个保护者，就像她在感觉自卑时所需要的那样。克莱尔得到了极大的宽慰，因为她已经看到了一种新的把自己束缚在彼得身上的情况，也因此，她也看到了解除这些束缚的新的可能性。

在这一解释中，克莱尔实际上确实诊断出了自己需要情感帮助的另一个原因。她此前从未注意到问题的这个方面，是有很多正当的理由可以解释的。她个性中由傲慢自大、蔑视他人、胜过他人的需求以及获得胜利的需求所构成的这整个区域，仍然受到很深的压抑，所以到那时为止，也只有在一种转瞬即逝的自我认知的启迪下，克莱尔才能有所发现。甚至在开始自己的分析工作之前，克莱尔已经偶尔会认为自己有鄙视他人的强迫性需求、认为自己对任何成功都会欣喜若狂、认识到野心在自己的白日梦中所扮演的角色。但是，这整个问题仍然藏匿得很深，它的表现形式几乎无法为人所察觉。它就像通往深处的一个竖井，突然被照亮，但很快又被黑暗所吞噬。因此，这一系列联想的另一面隐含意义，还仍然无法为人所理解。沙漠中那座塔所展现出一幅非常孤独的画面，指的不仅是彼得不在时克莱尔感到的孤独感，还有她在各个方面受到的孤立。那种破坏性的傲慢是造成这种孤独的因素之一，同时又是这种孤独所导致的结果。让自己依赖另一个人——"孤岛二人行"——是摆脱这种孤独的一种方法，而且这种方法还不需要梳理她和众人的关系。

克莱尔认为，自己现在可以用一种更好的方法来处理她和彼得之间的问题。但不久之后，一次双重打击降临，将克莱尔的问题推向了顶点。首先是，克莱尔间接得知，彼得正在或者说已经跟另一个女人产生了暧昧关系。接着，她收到了彼得的信，信中说，如果他们分开，会对彼此都好。而此时，克莱尔还没有从上一个打击中恢复过来。克莱尔的第一反应是谢天谢地，还好这件事没有在之前发生。克莱尔认为，自己现在承受得了这种打击。

克莱尔的第一反应有真实的成分，但也夹杂着自我欺骗的成分。真实的是，数月之前，克莱尔可能还无法在保护自己不受到严重伤害的前提下承受这一重压；在接下来的几个月里，这个病人不仅证明了自己可以承受该压力，而且还向整个问题的解决方法前进了一步。但是，实际上，克莱尔这种平淡的第一反应还跟下面这一事实有关：她没有任由这一打击攻破自己的防御体系。在这次打击攻破她的防御体系之后的那几天，克莱尔陷入了疯狂而绝望的混乱之中。

克莱尔心烦意乱，根本无法对自己的反应进行分析，这一点是可以理解的。这就像房子失火时，我们首先想到的不是探究火灾的前因后果，而是尽力跑出去。两周后，克莱尔做了如下记录：一连数天，自杀的念头一直在脑中徘徊，不过它从未表现出严肃意向的特征。克莱尔很快就意识到了这一事实：她只是在拿自杀这个想法开玩笑而已。然后，她要求自己严肃对待这个问题：自己到底想死还是想活？克莱尔当然想活着。但是，如果她不想活得像一朵枯萎的花，她就不仅必须摆脱自己对彼得的依赖，摆脱失去彼得自己的生活就会全面崩溃这种想法，而且还要彻底克服她全部的强迫性依赖问题。

克莱尔心中刚弄清楚了这个问题，一场意料之外的剧烈冲突又发生了。直到此刻，克莱尔才发现，自己想要依赖另一个人的那种需求的力量并没有减轻。克莱尔再也不能用开玩笑的方式说服自己，让自己认为这种需求就是爱：她认为，这种需求就像一种药物依赖。克莱尔看得非常清楚，自己只有两种选择：屈从于这种依赖，再找另一个"伙伴"，或者彻底克服这种心理依赖。但是，她能战胜这种依赖性吗？而且，生活中失去了这种依赖性还值得活下去吗？克莱尔疯狂而可怜地努力劝说自己：毕竟生活还提供给了自己很多美好的东西。自己不是还有一个温暖的家吗？难道自己不能从工作中得到满足感吗？自己不是还有朋友吗？难道自己不能享受音乐和大自然吗？然而，这些都不管用。所有这一切看上去就像一场音乐会的幕间休息，枯燥乏味且毫无意义。当然，幕间休息也是令人愉悦的，在那段时间里人们可以尽情欢愉，直到音乐会重新开始，但是没有人会只为了幕间休息而去音乐会。一个念头从她脑中一闪而过：这个推理完全站不住脚。不过，她脑中占优势的意识是：她没有力量进行任何真正的改变。

最后，她突然想到一句话，这句话虽然非常简单，却引导了事情向着好的方向转变。那是一句古老的格言：通常情况下，"我不能"就是"我不愿意"。很可能，她只是不想把自己的生活建筑在不同的基础之上。就像一个孩子，要是得不到苹果派，就拒绝吃其他任何东西，也许，她是主动拒绝把自己的注意力转向生活中的其他方面。自从认为自己有依赖性以来，她只看到自己整个人都被束缚在一种关系里，而这耗费了她全部的精力，她再也抽不出一丝精力去关心其他的人或事。现在，克莱尔认为，这不仅是疏导兴趣的问题。除了跟"爱人"在一起时所做的事情，克莱尔会排斥并且会贬低自己独自或与别人在一起时做的事情的价值。因此，克莱尔第一次渐渐明白，自己已深深地陷入了一个圈子里：她贬低自己和爱人这一关系之外的任何人、事的重要性，必然会让该关系中的伙伴重于所有，而这种独一无二的重要性反过来又会让自己跟自我、跟别人的关系更加疏远。这一具有启发性的自我认知是正确的，稍后将得到证明，而此时，它让克莱尔深受震惊，但也鼓舞了她。如果阻碍她摆脱束缚走向自由的是她自身内部运作的一些力量，那么，很可能，她就可以采取行动摆脱这一束缚。

就这样，克莱尔这一阶段的内心混乱，以她的生命获得了新的活力，以及她处理该障碍的工作获得了新的动力而结束。但是，在这里，仍然产生了很多问题。如果失去彼得仍然会让克莱尔无比烦扰，那么，之前的分析工作的价值又在哪里呢？有两方面原因影响着这个问题。

其一，之前的分析工作存在不足。克莱尔已经承认了这一事实：自己有强迫性依赖，而且她也看到了这一障碍的一些隐含意义。但是，她离真正理解这个问题还有很大的距离。我们如果怀疑已经完成的工作的价值，那么我们就犯了跟克莱尔在分析工作达到顶点之前那整个阶段所犯的相同的错误，低估了那一特定神经症人格倾向的意义，因而期望着非常迅速、非常容易地取得结果。

另一个原因是，总的来看，克莱尔最后那次情绪剧变本身也具有建设性。它意味着一系列发展的高潮：从完全忽视这其中所包含的问题，到在潜意识层面作出最顽强的努力，从试图否认它的存在，到最终充分认知它的严重性。这一高潮让克莱尔深刻认识到，她的心理依赖就像是在扩散的癌细胞，不可能控制在安全的界限内（妥协），必须根除，以免严重伤害她的生命。在非常痛苦的压力之下，克莱尔成功地将此前从未意识到的一个冲突

带入到敏锐的意识中心。她此前从未察觉到，自己一直遭受两种
思想的撕扯拉锯：想要放弃对另一个人的依赖的思想和想要继续
这种依赖的思想。她采取的对彼得妥协的解决方法掩盖了这一冲
突。现在，她已经正视这个问题，而且能够采取明确的立场，朝
着自己想要的方向前进。就这一点而言，她现在正在经历的这个
阶段，说明了前一章提到的一个情况：在分析的一些阶段，病人
必须表明立场、作出决定。而且，如果通过分析工作，使得冲突
变得十分明朗，使得病人能够作出表态，我们也必须认为这是一
个成就。当然，在克莱尔这个案例中，争论点在于她是否应立即
努力寻求一根新的支柱来代替已经失去的那根。

　　毋庸置疑，用这种强硬的方法应对问题会让人心烦意乱。
在这种情况下，另一个问题出现了：自我分析工作的经历是否让
克莱尔产生了更大的自杀危险？以前，在考虑这个问题的时候，
很重要的一点是，克莱尔会放纵自己完全沉溺在自杀的想法中。
而且，她根本不可能像现在这样，做到果断地终止这些想法。以
前，如果没有一件"美好"的事情发生，自杀的念头是不会完全
从头脑中退出去的。现在，怀着一种建设性的精神，克莱尔可以
主动地有意识地驳倒这些自杀的念头。此外，正如上面提到的，
克莱尔对彼得提出分手的第一反应，即感谢上帝他没有在早些时
候提出，从某些方面来讲，是一种真诚的情感，她现在的确更有
能力应对彼得的离弃。因此，我们似乎可以可靠地设想，如果没
有已经做过的那些分析工作，克莱尔的自杀倾向会更强烈、更
持久。

　　最后一个问题，如果没有彼得提出分手所施加的外部压力，
克莱尔是否能充分认识到自己和彼得那种纠缠不清的关系的严重
性？有人可能会觉得，经历了分手前所发生的那些事情，克莱尔

不可能永久地停留在一个根本站不住脚的方法上，她迟早会走上分手的道路。然而，事情还有另一可能，阻碍克莱尔获得最终自由的力量十分强大，她可能仍然会花费相当长的一段时间去达成进一步的妥协。如果没有涉及一种在精神分析师和病人身上都不罕见的对待分析的态度——这种态度是一种臆断，认为只靠精神分析就能解决所有问题——这就是一种无意义的猜测，根本不值一提。但是，人们在赋予精神分析这种万能功效的时候忘记了，生活本身才是最好的医生。精神分析所能做的，就是让我们能够接受生活提供的帮助，并从中获益。在克莱尔的案例中，这一点得到了确切的贯彻实行。如果没有已经完成的分析工作，克莱尔可能会尽快找到一个新的伙伴，从而又继续相同的经历模式。问题的关键不在于她能否在没有外部帮助的情况下解放自己，而在于当帮助出现的时候，她能否把它转变成一次有建设性的经历。在这一点上，克莱尔做到了。

关于克莱尔在这一阶段所发现的信息，最重要的一条是这个病人在自己身上发现了一种主动的反对。反对自己的方式生活、感受、思考、计划等，简而言之，抗拒自我、抗拒找寻自我内在的重心。跟她的其他发现相比，这一发现只是一种情感自我认知。克莱尔并不是通过自由联想的方式获得该发现的，也没有任何事实可以证实这一发现。对于这些抗拒力量的性质，克莱尔并没有任何概念，她只是发现了它们的存在。回顾前情，我们就能明白，为什么克莱尔在这一点上几乎没有取得任何进展。她的情况可以拿来跟这样一个人的情况做比较：这个人被从自己的家园中驱赶了出去，他面临着在新的基础上重建自己的全部生活的任务。在对待自我的态度以及与别人的关系上，克莱尔必须作出根本性的改变。自然，她对这一前景的复杂性感到不知所措。但是造成该障碍的主要原因在于，尽管她已下定决心解决自己的心理依赖问题，但仍然存在诸多强大的潜意识，阻止她最终解决问题。可以说，克莱尔夹在应对生活的两种方式之间，犹豫不决，既没有准备好放弃旧有的生活方式，也没有准备好迎接新的生活方式。

结果，在接下来的几个星期里，克莱尔的情绪表现出了一连串的起伏波动。她在两种境况之间摇摆不定，一种是她与彼得一起经历的时光以及这段经历所涉及的一切，克莱尔将之视为遥远过去的一部分；另一种是她思念彼得，想要不顾一切地挽回他。那时，克莱尔发现孤独成了施加在自己身上的一种永无止境的酷刑。

在这段时间的后期，有一天，克莱尔听完一场音乐会后独自回家，她发现自己产生了这种想法：每个人都比自己幸福。但是，她脑中另一个声音抗议道："别人也很孤独。""是的，但他们喜欢孤独。""但是，发生了意外的那些人的情况更糟。""是的，不过他们在医院得到了照顾。""那失业的人又如何呢？""是的，虽然他们的生活很拮据，但是他们结婚了。"这时，克莱尔突然意识到，自己的这种辩论方式实在可笑。毕竟，不是所有失业的人都拥有幸福的婚姻，而且，即使他们婚姻幸福，婚姻也并不是解决所有问题的方法。克莱尔意识到，自己内心必定存在一种发挥了某种作用的倾向，让她说服自己陷入一种夸张的悲惨境遇中。不幸的阴云一扫而空，克莱尔感觉松了一口气。

在开始分析这件事的时候，克莱尔回忆起了主日学校一首歌的旋律，但是歌词她却想不起来了。接着出现在脑中的是她不得不接受一场紧急阑尾炎手术的场景。接着是圣诞节时公布的"助贫"名单。接着是一幅图画,画面上是一个冰川上有一道巨大的裂缝。接着是一部电影,就是在这部电影里她看到了那个冰川,有人掉进了裂缝,但在最后一刻被拉了上来。接着是一段记忆,那时候她大约八岁。她在床上哭泣,对于母亲没有过来安慰自己而感到不可思议。她不记得此前自己是否与母亲发生过争执,她所能回忆起来的只有当时坚定不移的信念:母亲会为她的悲伤所感动。实际上,母亲并没有来,而她在哭泣中睡着了。

不久,克莱尔记起了主日学校那首曲子的歌词。歌词唱道:不论我们的悲伤有多么沉重,只要我们向上帝祈祷,祂就会帮助我们。克莱尔突然看到了一条线索,一条解释她的其他联想以及产生这些联想之前自己所陷入的那种夸张的悲惨境遇的线索:她心中怀着一种期望,认为沉重的悲痛能够给自己带来帮助。由于这一潜意识信念,克莱尔让自己陷入了比实际情况更悲惨的境况。这简直是愚蠢到了极点,然而她不但这么做了,还经常这么做。在哭泣的那些时候——这些时期会毫无征兆地完全消失——克莱尔的所作所为正是如此。克莱尔记得,曾有很多时候,她认为自己是所有人中遭遇最悲惨的那个;然而一段时间之后,她却意识到自己把事情弄得比实际情况更糟糕。然而,当克莱尔沉浸在这种不幸的时刻中时,那些让她悲伤的理由不但看上去很真实,甚至在感觉上亦是如此。在这些时刻,她经常会打电话给彼得,而他一般都会同情她、帮助她。在这件事上,她总是可以依靠他;在这方面,比起其他人,彼得很少让她失望。也许,比起她认为的,这是将她束缚在彼得身上的一条更重要的联系。但是,彼得有时不会按克莱尔所说的那种严重性去对待她的不幸,反而会以此来取笑她,就像童年时她的母亲和哥哥对她所做的那样。那时,克莱尔会发现自己受到了严重的冒犯,因而会对彼得大发雷霆。

是的，这其中存在一个清晰的、反复出现的模式——夸大不幸，同时期望从她的母亲、上帝、她的丈夫、彼得身上得到帮助、安慰和鼓励。克莱尔扮演的角色长期受苦，除了其他所有原因，必定也包括了一种想得到帮助的潜意识诉求。

这样一来，克莱尔离诊断出与自己的心理依赖有关的另一条重要线索就很接近了。但是，大约一天之后，克莱尔又开始从两个方面来否定自己的这一发现。其一，不管怎么说，在处境艰难的时候想要得到朋友的关心，算不上是异常之事。否则，友情的价值何在！在你快乐、心满意足的时候，每个人对你都很和善；但是在悲伤的时候，你能求助的就只有朋友。克莱尔反驳自己的发现的另一条理由是：她不能肯定这一发现是否适用于取得发现的那天晚上的悲惨境况。她夸大了自己的不幸，这毫无疑问，但当时她身边并没有任何人可以倾诉，而且她也不会给彼得打电话。她还不可能荒谬到会认为：仅仅只因为她以为自己是这个世界上最不幸的人，帮助就会到来。然而，有时，在她以为伤心难受的时候，好的事情确实会发生。比如，会有人给她打电话，或邀请她外出；她收到了一封信，她的工作受到了表扬；收音机播放的音乐让她的情绪振奋了起来。

克莱尔没有马上注意到，自己在论证两种相互矛盾的观点：一种观点认为，期望着发现痛苦之后帮助立刻就会到来，这是荒谬的；另一种观点则认为，这种期望是合理的。但是几天之后，克莱尔在重读自己的笔记时，看到了这种矛盾，因此，她得出了唯一一个合乎情理的结论：她这么做一定是试图说服自己放弃什么。

发现自己竟荒谬到会期望得到未知的帮助，克莱尔感觉整个人都很不舒服，在此基础上，她首先试着对自己那有歧义的推理作出解释，但是，这一尝试并未让她满意。顺便提一下，这是一条非常重要线索。如果我们在另外一个理性的人身上发现了一处荒谬的地方，我们就可以肯定，这个地方隐藏着一个重要的东西。通常情况下，为抵抗荒谬性而进行的斗争，实际上是一场抗拒揭露其隐藏情况的斗争。但是，即使不知道这样的推理，克莱尔不久之后也认识到了，真正的障碍并不是荒谬本身，而是她不愿意面对自己感受的那种抗拒心态。克莱尔认为自己为这种信念所牢牢控制：自己可以凭借痛苦得到帮助。

在随后的几个月里，克莱尔越来越清晰、详细地看到了这一信念在自己身上施加的影响。她看到，对于生活中遇到的每一个困难，她都会潜意识地趋向于将其渲染成大灾大难的样子，整个人都失去了控制，完全陷入了一种彷徨无助的状态中。结果是，尽管在表面上做出了几分勇敢、独立的样子，但她对生活主要的态度还是一种面对巨大困难般的茫然无力。克莱尔认为，自己对帮助终究会到来的坚定信念，已经发展成了一种个人信仰，它并非跟真正的宗教完全不同，也是一种能给克莱尔带去安慰的强大源泉。

克莱尔还获得了一个深层的自我认知：用对别人的心理依赖取代独立自主，这中间的变化幅度极大。如果总是有人教导她、激励她、劝解她、帮助她、保护她、肯定她的价值，那么，她就没有任何理由要将自己的生活掌握在自己手中，从而也不需要作出任何努力来克服因此而产生的焦虑。这样一来，这种依赖关系就完全实现了它自身的功能：让她不必独立就可应对生活。它让克莱尔失去了放弃小女孩姿态的所有动机，因为这种孩子气的态度在强迫性谦卑中是必需的。实际上，这种依赖性不仅扼杀了克莱尔想要变得更加独立的动机，让她的软弱永远保存了下来，而且它实际上还造成了一种利害关系，让克莱尔不得不保持着茫然无助。也就是说，如果克莱尔保持着谦卑、恭顺，那么她就会拥有所有幸福，变得心满意足。而任何想要变得更加自立、更加自主的意图，都必然会损害这些人间天堂般的期望。偶然地，这一发现会清楚地展现出这种恐慌：她在想要坚持自己的观点、意愿时所发现的恐慌。强迫性谦卑不仅为她提供了难以察觉的掩饰借口，而且还是她对"爱"的种种期望的不可缺少的基础。

克莱尔明白，下面这个结论只是在逻辑上正确：她认为伙伴的帮助至关重要——用埃里希·弗洛姆的一句话来表达——会变得重于所有，而得到他的爱和关心也就成了唯一重要的事情。彼得凭借自己的独特品质——他看上去很像那种救世主的类型——很适合扮演这种角色。他对克莱尔的重要性不仅是一个朋友，一个在任何危难时刻可以招之即来的朋友，他的重要性还在于这一事实：他就像一台机器，克莱尔可以随心所欲地提出各种要求。

由于获得了这些自我认知，克莱尔发现比以往任何时候都更自由。以前，她对彼得的渴望有时候会强烈到难以忍受的程度，而现在这种情感开始消退。更重要的是，这一自我认知给她的人生目标带来了切实的改变。过去，她一直有意识地想要独立。但是，实际情况却让这一愿望全然成了口头上好听的话，一遇到任何困难，她立刻就寻求帮助。现在，成为能够应对自己生活的人，成了她一个主动的、切实可行的目标。

对于克莱尔这一阶段的精神分析工作，我想指出的唯一不足之处是：它忽略了那一特定时刻所涉及的具体问题，即克莱尔尚无能力独立。因为我不想错过任何一个展示如何探索某个问题的机会，所以下面我将谈一谈解决该问题的两种稍微有些不同的方法。

克莱尔本可以从思考下面这件事开始分析：在最近一年里，她感到痛苦的时间段已经明显缩短。她的痛苦期缩短到了这种程度：她本人能够更积极地应对内、外困难。这一思考将会导向如下问题：她为什么刚好在那时求助于以前的方法。即使她是一个不快乐的孤独的人，为什么她的孤独会产生这种无法忍受的痛苦，使得她必须寻求即时的治疗方法？再者，如果孤独令她如此痛苦，她自己为什么不积极地行动起来？

克莱尔还可以从观察自己的实际行为出发，开始进行分析。克莱尔在独处的时候会感到痛苦，但她几乎没有作出任何努力去增加与朋友的交往，或建立新的人际关系；相反，她离群索居，把自己封闭了起来，期望着得到神奇的帮助。尽管在其他方面有着敏锐的自我反省能力，在这一点上，克莱尔却完全没有注意到自己的实际行为有多么异常。这样一个非常明显的盲点，通常都暗示了一个具有巨大可能的因素受到了压抑。

不过，正如我在前一章说过的，我们错过的问题终究会再次出现。数周之后，克莱尔又遇到了这个问题。当时，她采取的解决方法跟我所建议的两条都稍有不同——该情况可以这样解释：条条大路通罗马，这一谚语对心理学问题也适用。因为克莱尔的这部分分析并没有留下书面记录，所以我将只对她逐渐获得新的自我认知的阶段进行简要说明。

第一步是，克莱尔察觉，她只能通过别人的评论来认识自己。克莱尔意识到，她对自己的评价完全取决于别人对她的评价。克莱尔想不起来自己是如何获得这一自我认知的，她只记得，这一自我认知对她的冲击是如此猛烈，她几乎要晕过去。

有一首童谣能完美解释这一自我认知的含义，我忍不住要引述它：

我曾听人说，
有位老婆婆，
想去赶集市，
要去卖鸡蛋。
等到市集日，
她去赶集市，
岂料睡着了，
躺卧大路上。

小贩叫矮胖，
恰好从此过，
剪掉长裙子，
剪去一大圈。
剪掉长裙子，
遮到膝盖上，
可怜老婆婆，
冷得快冻僵。

可怜老婆婆，
冻得醒过来，
开始打哆嗦，
然后浑身颤。
满脸带狐疑，
接着大声喊：

"上帝可怜我,
　　这可不是我。"

"按照我所想,
　如若这是我,
　我家有小狗,
　它会认得我。
　如若这是我,
　它会摇尾巴,
　如若不是我,
　它会嗷嗷叫。"

婆婆回到家,
四周黑黢黢,
小狗跳出来,
开始吠吠叫。
小狗叫吠吠,
婆婆声声喊:
"上帝可怜我,
这可不是我。"

　　克莱尔获得自我认知的第二步是在两个星期之后进行的,该阶段与她对孤独的抗拒有着更直接的关系。自从开始分析"个人信仰"以来,克莱尔对这个问题的态度就发生了变化。跟以前一样,克莱尔仍然能感觉独处带来的强烈痛苦,但是,她不再任由自己沉溺于无用的痛苦之中,而是积极采取措施避免独处。她寻求其他人的陪伴，并会享受这种关系。但是，大约有两个星期的时间，克莱尔必须有一个关系特别好的闺密。她想要问遍自己遇到的每一个人：理发师、裁缝师、秘书、已婚朋友……她想确认他们是否真的不认识一个适合自己的男人。对每一个已婚的，或有亲密朋友的人，她都怀着最热切的羡慕之情。最终，这些想法占据了她大量的时间和精力的事实震惊了她，克莱尔意识到，所有的这一切不仅很可悲，而且肯定具有强迫性。

直到那时，克莱尔才意识到，在她和彼得相处的那段时间里，她的独处能力遭到了极大削弱，而这种削弱在两人分手之后达到了顶点。克莱尔还察觉到，如果是自己选择了独处，那么孤独是可以忍受的。只有在被迫独处的时候，孤独才会让人痛苦，那时，她感到羞耻、多余、遭到排斥、被驱逐。因此，克莱尔认为，自己的问题不是普通的缺乏独处能力，而是对遭到排斥的高度敏感。

把这一发现和她的认识——即她的自我评价完全取决于别人的评价——联系起来，克莱尔明白了：对她而言，仅仅是没有获得别人的注意就意味着自己遭到了抛弃。这种对遭到排斥的敏感，跟她是否喜欢排斥她的人完全无关，只跟她本人的自尊有关，这一点是克莱尔从大学时的一段记忆中发现的。大学时，一帮很势利的女孩结成了一个紧密的小圈子，她们联合排斥克莱尔。对那些女孩，克莱尔既不关心也不喜欢，但是有过很多次，她想要不惜一切加入这个圈子。在这一背景下，克莱尔还回忆起了母亲和哥哥之间那个紧密的共同体，她也被排除在这个小团体之外。往事纷至沓来，克莱尔发现，在他们眼里，自己只是一个讨厌鬼。

克莱尔意识到，她现在感觉到的这种反应，实际上，在她不再因歧视而受伤时就有了。直到那时，她都自然而然地坚信，自己和其他人一样优秀，她不由自主地抗拒那些把她视为低等人的行为。但是，正如在第二章所讲述的那样，由她的抵抗不可避免所造成的孤独，最终超出了她的承受能力。为了让别人接受自己，她屈服了，接受了这一潜意识裁决：她低人一等。同时，她开始敬仰别人，视其为高等人。在巨大困难的压力下，克莱尔的自尊第一次遭到了打击。

因此，克莱尔明白了，在她的心理依赖仍然很强的时候，彼得提出分手这件事不仅让她陷入孤独之中，而且还让她产生了一种自己毫无价值的感觉。这两种因素结合起来共同作用，使得分手给克莱尔带来了重创。也正是这种毫无价值的感觉，让孤独变得无法忍受。这种感觉先是驱使着克莱尔寻求一种有魔力的补救方法，然后又让克莱尔产生了寻找一个闺密的强迫性需求，妄图以此来恢复她原有的价值。这一自我认知带来了一种即时性的改变：寻找一个男朋友的愿望不再具有强迫性，克莱尔独处的时候也不再感到心神不安，有时，她甚至很享受独处的时光。

克莱尔还看到了，在她和彼得这段不幸的关系里，自己对遭受排斥的反应是如何施加影响的。回顾往事，克莱尔认为，在这段爱情最初的激情过去不久，彼得就开始使用种种微妙的手段来拒绝自己。通过对克莱尔所表现出的种种回避手段以及烦躁情绪，彼得已经表明，他对克莱尔的排斥与日俱增。无可否认，彼得的这种拒绝利用了他同时给予克莱尔的爱情誓言作伪装，但这种伪装之所以如此有效，是因为克莱尔对他想要离开自己的证据视而不见。克莱尔怀着一种急切的需求，想要重新找回自尊，这种需求驱使着她不断努力以留住彼得，这也让她没有发现自己本应明白的事情。现在，克莱尔明白了，正是这些摆脱羞辱的努力，对自尊造成了其他任何事情都无可比拟的严重伤害。

这些努力不仅包含了她对彼得种种意愿的一种不加鉴别的服从，还包含了她对彼得情感的一种潜意识膨胀，所以，它们造成的伤害特别严重。克莱尔认为，自己对彼得的实际情感越少，要建构的虚假情感也就越多，因此，她让自身更深地陷入自己所设置的束缚当中。她对构成这种"爱"的需求的深刻理解，减缓了情感膨胀的倾向，直到那时，克莱尔的感情才快速回落到实际层面，简单地说，克莱尔发现自己对彼得的感情已几近于无。这一认识带给克莱尔一种宁静的感觉，这种感觉她已经很长时间没有体验过了。克莱尔现在可以用一种镇定从容的态度看待彼得，她不再在渴望彼得和想要报复这两种情感之间摇摆。她仍然欣赏彼得的优良品质，但她也清楚，自己再也不可能跟彼得非常亲密地交往了。

记录了最后一种感觉之后，克莱尔能够用一种崭新的视角来处理自己的心理依赖问题了。到目前为止，克莱尔所做的工作可以概括为一个逐步了解的过程，即她的心理依赖是由于她对伙伴的巨大期望产生的。她已经逐步了解了这些期望的性质，而对"个人信仰"进行分析就是这一工作所造成的最终目的。现在，她还意识到了，自信缺失以更直接的方式，极大地加重了她的心理依赖。在这一点上，发挥了决定性作用的发现是，她认为她对自己的评价完全由别人的评价决定。这也跟该自我认知的重要性——它对克莱尔的打击十分沉重，令她几乎昏倒——相吻合。克莱尔对这一倾向的认识，相当于一次情感经历，这次经历是如此深刻，克莱尔在那短暂的瞬间几乎被压倒。这一自我认知本身并没有解决克莱尔的问题，但是，它是克莱尔认为自己情感的膨胀以及"排斥"对她的深远意义的基础。

这一部分的精神分析工作还为克莱尔以后了解自己受抑制的雄心铺平了道路。它让克莱尔看到了为别人所接受是重拾自己破碎的自尊心的一种方法，而通过另一种方法，即超过他人的雄心，也能实现该目的。

在完成了这里所记录的工作之后，又过了数月，克莱尔返回诊所接受专业的精神分析治疗。这部分有些问题她想和我详细讨论，部分在她的自我分析笔记中，还存在一些抑制问题没有解决。正如在第三章提到的，我们利用这段时间解决了克莱尔的战胜他人的强迫性需求，或者，换一种更通俗易懂的说法，即她那受到抑制的攻击性和报复性倾向。我认为，虽然可能会花费更长的时间，但克莱尔是可以独立完成这项工作的。对受抑制的攻击性倾向进行分析，反过来也有助于克莱尔更好地了解自己的心理依赖问题。此外，在变得更加自信之后，她再次陷入另一段心理依赖关系中的危险也就不存在了。还有，她想寻求另一名伙伴的强迫性需求对她所施加的影响，也凭借她的自我分析解除了。

第九章

系统自我分析的
精神实质和规则

　　由于我们已经从不同角度对自我分析工作进行了讨论，也已经从一个涉及范围广泛的病例中了解了用自我分析的治疗阶段，所以，也就没有必要——这确实是叠床架屋——系统化地论述自我分析的技巧。因此，下面的评论将只强调一些注意事项——这其中有很多已经在其他背景中提到过——在自我分析中，这些事项值得我们特别注意。

　　正如我们已经看到的，自由联想的过程，即坦率而毫无保留地进行自我表露的过程，是所有自我分析工作——自我分析和专业分析——的起点和持续进行的基础，但是，要实现这一点绝非轻而易举。也许有人认为，独自进行这一过程会比较容易，因为如果只有病人自己，就没有人能曲解、批评、打扰或报复病人；而且，一个人向自己陈述那些可能会令人感觉难为情的事情，也不会感到那么羞耻。尽管还存在这一事实：一个局外人，正可凭借他在旁倾听这一事实，为当事人带去鼓舞和激励。但是，从一种程度上讲，上述观点确实是正确的。不过，无论如何，有一点是毫无疑问的：一个人无论是独自工作还是与一名精神分析师合作，进行自由联想的最大障碍都始终在于他本人的内心。进行分析工作的时候，一个人往往会急于略过一些因素，会想要维护自身形象，因此，无论是否独自工作，他都只能期望尽量接近自由联想的理想状态。考虑到这些困难，独立工作的病人就应该不时地提醒自己，如果自己略过或抹去心头出现的任何想法或感情，那么，他就是在损害自己真正的自身利益。同时，他还应该记住，对这一工作，他本人须全权负责，除了自己，没有人知道，哪一个环节遗失了，或要从何处着手调查缺漏。

　　在情感表达方面，这种责任心尤其重要。在此，有两条规则病人需要谨记。其一，病人应该尽力表达出自己的真实感受，

而不是依据传统习惯或本人的行为准则来表达。病人起码应意识
到这一点：真实情感和矫揉造作之间存在一条鸿沟。它不仅十分
宽广，而且意义重大。病人应该不时地追问自己——不是在进行
自我联想的过程中，而是在这之后——对于这件事，自己的真实
感受是什么。其二，病人应该尽可能给予自己的情感以最大限度
的自由。同样的，这一规则也是知易行难。对一次看上去并不重
要的冒犯深感苦恼，这似乎有些荒谬可笑。对一个跟自己亲近的
人产生怀疑或仇恨情绪，这可能会让人困惑、不快。病人也许愿
意接受别人发火，但是如果自己真的处于这一恼怒波及的范围之
内，便会感到十分可怕。然而，病人必须记住，就外部结果而
言，没有任何一种情况比分析一次真实的情感表达的危险更小。
在分析工作中，只有内部结果才是重要的，也就是要对一种情感
的全部强度都有所了解。这一点很重要，因为在心理学问题上，
我们不能只着眼于遇到的首要问题，而把其他的问题通通忽略。

当然，对于那些受到压抑的情感，没有人可以强行令其显
露出来。对于超出能力范围的事情，每个人都无能为力。克莱尔
在分析工作的初期，尽管怀着这个世界上所有最美好的意愿，但
她所能感受到或表达出的对彼得的不满，仍然无法超出这个病人
当时的感受范围。但是，随着分析工作的推进，克莱尔的能力越
来越强，逐渐能够对其当前的情感强度作出评价。从一个角度来
看，克莱尔经历的这整个发展过程，可以描述为她真实可感的自
由空间的日益扩大。

关于自由联想的技巧，我想再补充一句：在进行自由联想
的过程中，切忌推理。在分析工作中，理智自有其位置，也有充
足的可以发挥的机会——在自由联想完成之后。但是，正如我已
经强调过的，自由联想的精髓是自发性。因此，正在尝试进行自

由联想的病人，不应试图通过推断的方法来获取答案。例如，假设你感觉十分疲倦、浑身无力，很想要躺到床上，认为自己生病了，这时，你从二楼的窗户朝外看，察觉到自己产生了一个糟糕的想法：如果从这里跳下去，最多也只是摔折了胳膊。这个念头让你自己大吃一惊，因为你从未意识到自己陷入了绝望之中，甚至绝望到想要自杀。接着，你听到楼上有人打开了收音机，你控制着自己的怒火，心里想着应该把那个开收音机的家伙枪毙掉。你得出了正确的结论：在你感觉不舒服这件事背后，一定还隐藏着愤怒和绝望。到目前为止，你的分析是毫无问题的。你已经感觉没有那么疲惫了，因为你知道，如果你对一事感到愤怒，你就可能找到这其中的诸多原因。但是现在，你却开始了一场疯狂的有意识的寻找之旅，想要找到是什么激怒了你。对在你感觉疲乏之前发生的所有事情，你都进行了仔细检查。有可能，你会偶然地发现激怒自己的原因，但更大的可能性是，你所有有意识的寻找最终一无所获——而半个小时之后，在你对自己的无效努力感到失望、已经放弃了刻意探索的时候，你会突然想到真正的原因。

与这种强求答案的尝试同样徒劳无功的是这一做法：一个人虽然让自己的思想自由展开，却试图通过推理来获知自己种种联想的含义。不管是什么让他这么做的，不管是不耐烦，还是想要出人头地的需求，或畏惧自己会对放纵的思想与感情妥协，自由联想所必不可少的放松都不免受到理智侵袭的干扰。确实，一个人可能会自然而然地领悟到一个联想的含义。克莱尔那个以宗教歌曲的歌词结束的联想系列，就是一个很好的例子：在这个联想系列里，克莱尔尽管没有作出任何有意识的努力去了解自己的种种联想，但它们却呈现出一种逐渐上升的清晰度。也就是说，这两个过程——自我表露和了解——有时可能完全一致。但是，就有意识的努力而言，它们应该保持严格的分离状态。

如果我们因此就在自由联想和了解之间划下了一道明确的界线，那么我们应该在什么时候停止自由联想、开始努力进行了解呢？幸运的是，这个问题不存在任何规则。只要思想仍在自由流动，就没有必要人为地加以遏止。或迟或早，这些思想终会被比它们自身更强的东西所中断。也许是进行自由联想的病人到达了一个点，他对这一点的含义感到好奇；或者，他的心弦突然触动，理解了一件令他烦恼的事情；或者，很简单，他的种种想法已经耗尽，这可能是抗拒的一个标志，但也可能表明目前他对该问题的论述已经详尽无遗；或者，他可以支配的时间极为有限，但他仍想尽力对自己的记录进行解释。

至于对种种联想的了解，由于它们所呈现的主旨范畴以及不同主旨的结合方式都是无限的，因此，在各种不同的背景下，诸多个别要素的含义也各不相同，也就不可能有任何固定的规则可以遵循。对于一些基本原则，我们已经在第五章论述过了。但是，个人的智谋、机敏度以及专注度等必定也会产生重要影响。因此，我将只把已经论述过的内容稍做扩展，对进行解释应该有的态度补充少量说明。

在一个人停止联想，开始检查自己的笔记以了解它们的时候，他的工作方法就必须改变。他不应再完全被动地接受所有出现的事物，而要变得主动起来。现在，他的理智开始发挥作用。但是，我更愿意用消极的方式表达这种情形：他不再将理智排斥在外。即使是现在，他也并非只利用理智。对于他在试图了解一系列联想的含义时所应采取的态度，我们很难用任何程度的准确性来描述。可以肯定的是，这一过程不应变成一次纯粹的智力运用。如果他想这么做，那么他最好去下国际象棋，或预测国际政治走势，或做填字游戏。一个人用理智推测出种种极其全面的解释，没有遗漏任何可能的含义，这只能证明他的头脑十分卓越，能满足他的虚荣心，但是对他真正地了解自己却几乎没有任何帮助。这种努力甚至还存在一种危险，因为它会让人产生一种自以为无所不知的感觉，进而妨碍了分析工作的进展。而实际上，他所做的只是把所有的东西记录了下来，他本人并没有受到任何触动。

另一个极端，即纯粹的情感自我认知，则有价值得多。不过，如果不做深入的详尽说明，纯粹的情感自我认知也不会很理想，因为它会任由很多有重大意义的线索在尚未完全弄清楚之前就从视线中消失。但是，正如我们已经从克莱尔的分析中看到的，这种自我认知可能会触动一些事情。克莱尔在分析工作的初期，曾产生过一种和她那个陌生城市的梦有关的强烈的遗忘感。当时，我们就提过，尽管无法证明这一情感经历是否对她的进一步分析工作产生了影响，但是这种情感所具有的令人不安的性质却可能缓和了她那个顽固的禁忌，即禁止触碰任何一种将她紧紧束缚在彼得身上的联系。另一个例子出现在克莱尔与自己的心理依赖问题做最后斗争的时候，当时，克莱尔察觉到她抗拒把自己的生活掌握在自己手中。当时，对这一情感自我认知的含义，她没有任何理性的了解，但是，这种情感自我认知却帮助她摆脱了那种毫无生气的无助状态。

独自进行分析工作的人，不应一心想要创作出一项科学杰作，而应让自己的兴趣引导自己对联想的解释。进行自我分析的病人要做的很简单：追随那些吸引他注意力的东西、那些唤起他好奇心的东西、那些引起他情感共鸣的东西。如果他能随机应变，任由自己本能的兴趣引导着自己，那么他就完全有理由认为自己能凭直觉挑选出那些在当时最容易为自己所了解的题材，或跟他正在探索的问题相一致的题材。

我想，这一建议肯定会引起一些疑虑。例如：我的提议是否太过宽松？病人的兴趣会不会引导着他只关注那些他熟悉的问题？这一举动是否意味着病人屈服于自己的抗拒？关于处理抗拒的问题，我将在另一章里论述，在这里，只点到此为止。确实，由兴趣引导分析工作，就意味着选择了一条阻碍最小的道路。但是，阻碍"最小"并不等同于"没有"阻碍。实质上，这一原则意味着探究那些在当时受抑制最小的问题。而这正是精神分析师给予病人解释时所采取的原则。正如已经强调过的，精神分析师在选择要解释的因素时，会选择那些他认为病人在当时可以完全理解的，而会避免选择那些仍然受到很深压抑的问题。

克莱尔的整个自我分析，说明了这种方法的有效性。带着显而易见的不在乎，克莱尔从不费心去处理任何一个没有引起自己注意的问题，即使这个问题可能就摆在眼前。克莱尔对兴趣引导原则一无所知，她只是凭直觉把它运用到自己的分析工作中，而该原则也起了显著的促进作用。有一个例子或许很有代表性。克莱尔有一个联想系列，是以伟大人物那个白日梦的首次出现结束的，在那个系列里，克莱尔仅仅认清了保护需求在她的诸多关系中所扮演的角色。而有关她对男性其他期望的种种暗示，尽管也是白日梦中明显而重要的一部分，克莱尔却完全舍弃了。这一本能决定将克莱尔带上了她可以选择的最好的一条路。但是，克莱尔绝不是只在熟悉的领域进行分析工作。保护需求是克莱尔"爱"的一个不可缺少的部分，但是这一感觉直到那时为止，都还是不为她所知的一个因素。此外，我们也不会忘记，这一感觉造成了对克莱尔所珍视的"爱"的幻想的第一次进攻，就其本身而言，这是令人痛苦却切中要害的一步。除非她用一种肤浅的方法处理自己对男性的依赖态度，否则，如果同时处理这一令人恼火的问题，必定会让困难加重。这就引出了最后一个核心问题：想要同时掌握超过一个的重要自我认知，是不可能的。这种尝试的结果，只会是损害所有自我认知。如果想要"充分理解"任何一个意义重大的自我认知，并且让它深入自己的内心，病人就必须付出时间和一心一意的关注。

正如前面所论述的，想要了解一个自由联想系列，不仅要能随机应变调整工作方向，而且还要有能够灵活运用处理问题的方法。换言之，在选择下一步要处理的问题时，我们不仅必须顺从本能的情感喜好的引导，而且还要接受理智的指导。此外，在研究出现的问题时，我们必须能够轻而易举地就从慎重思考过渡到凭直觉理解种种联想。这后一个要求跟研究一幅油画所要求的态度相似：我们思索它的构图、配色、笔触等等，但我们也会考虑这幅画给我们带来的情感反应。这与精神分析师在对待病人的联想时所采取的态度是一致的。在倾听病人讲述时，我有时会苦苦思索这其中可能蕴含的种种意思，而有时我只是本能地去领会病人的话语，并因此得出一个推测。然而，不管我们如何验证一个发现，充分的理智及警觉性都是不可缺少的。

当然，有的病人可能会觉得，在一个联想系列里，没有任何东西能引起他的特别关注；他只看到了一个或另一个可能性，但没有一个具有启发性。或者，他走向了另一个极端，发现自己在深入研究一个联想的时候，又对其他要素产生了兴趣。在这两种情况下，病人最好是把问题暂且搁置，不去解决。也许，在未来的某个时间，病人查看自己的笔记时，仅仅是那些臆测的可能性也能让他收获很多，或者，他能够更深入地处理搁置的问题。

　　需要提及的还有最后一个容易犯的错误：永远不要接受你并不真正承认的东西。这一错误对常规分析的危害较大，如果病人是一个倾向于服从权威说法的人，则危害尤甚。不过，对于进行自我分析的人，它也可能产生影响。例如，病人可能会必须要接受出现的所有跟自己有关的"坏"事情，如果他心生犹豫，不愿接受，那么他就会猜测自己是否产生了抗拒。但是，如果他只是把自己的解释当作是假设，而并没有试图让自己认为这个解释的确定性，那么，他的处境可能就安全得多。分析的精髓在于实事求是，这一点也应该是我们在考虑接受还是不接受种种解释时依据的准则。

　　作出误导性或无用解释的危险永远也无法消除，但是我们不应为这种危险所吓倒。只要我们不退缩，用正确的心态继续进行分析工作，那么我们迟早会开辟出一条更加有益的道路。如若不然，我们也会意识到自己陷入了死胡同，且很有可能从这段经历中有所获益。例如，克莱尔在开始分析她的心理依赖问题之前，曾耗费数月探究自己所谓的随心所欲的需求。从后来获取的资料中，我们能够了解到她是如何走上这一方向的：彼得经常责备她，说她专横，这是她进行早期那段分析工作的首要原因。然而，她告诉我，在进行这些尝试的时候，她从未产生过一丝确信的感觉，这种感觉跟后来我们记录的那段时期她所经历的情感相似。这就说明了我们在上面提到的两点：顺从自己兴趣的重要性；不接受任何自己不真正承认的事情的重要性。但是，尽管克莱尔早期的探索浪费了时间，却并没有造成危害，它逐渐消失了，也没有妨碍克莱尔随后进行的具有高度建设性的工作。

　　克莱尔的分析工作具有建设性，这不仅归功于她的解释基本正确，还要归功于这一事实：她在这一阶段的分析展现出了一种显著的连续性。克莱尔并没有有意识地专注在一个问题上——有很长一段时间，她甚至并不知道自己面对的是什么问题——但是，她进行的每一点分析工作都为解决她的心理依赖问题提供了一份助力。坚定不移地、潜意识地专注于单独一个问题上——这让克莱尔不屈不挠地从各个新的角度去处理该问题——是有益的，但是很少有人能够达到这种程度。我们可以用克莱尔的案例说明一下这其中的原因，在那段时间里，克莱尔生活在一种可怕的压力之下——她只是到了后来才完全承认这种压力的强大——因此，她潜意识地把自己全部的精力都投入到了解决由该压力所造成的种种问题上。这种带有强迫性的情况，是不可能人为创造出来的。但是，在一个问题上投入的精力越多，就越能接近相似的专注度。

克莱尔的自我分析很好地说明了我们在第三章讨论过的三个阶段：诊断出一种神经症人格；了解它的种种含义；发现它和其他神经症人格之间的相互关系。就像在自我分析案例中常见的，在克莱尔的自我分析中，这些阶段在某种程度上互有重叠：克莱尔在最终发现这一倾向本身之前，就已经认清了它的很多含义。她也没有做过任何努力要采取明确的阶段进行分析工作：她没有刻意行动去发现一种神经症人格倾向，也没有刻意去探究自己的心理依赖和强迫性谦卑之间的联系。克莱尔对自己的神经症人格的识别是自然而然发生的，而且，同样，随着分析工作的进行，两种倾向之间的联系几乎是自动地变得越来越清晰。换言之，克莱尔并没有挑选问题——至少没有有意识地——而是问题自行出现在她面前，这些问题在显露出来的时候，展现出了一种系统的连续性。

　　在克莱尔的分析工作中，还有另一种甚至更重要、更有仿效可能性的连续性：绝不会有任何一种自我认知是孤立的或隔离的。我们所看到的分析工作取得的进展，不是诸多自我认知的累加，而是一种结构模式。在分析工作中，如果病人取得的种种自我认知彼此之间是毫不相关的，那么，即使每一个自我认知都是正确的，他也仍然无法实现自己工作利益的最大化。

　　请看下面的例子。克莱尔因为背地里认为，自己可以凭借痛苦获得帮助，所以曾任由自己沉浸在痛苦之中。在如此认为之后，克莱尔本可以仅仅追溯到童年时期产生这一特性的根源，并将其认作是一种执着的儿童信念。这样做可能会有一定的帮助，因为没有人真的愿意无缘无故便陷入悲伤痛苦；而在下一次克莱尔感觉自己又屈从于痛苦的迷惑中时，她也许就能中断这种情绪。但是，即使做最乐观的估计，克莱尔这种处理自我认知的方法，也只能让她那些明显而且夸张的不幸的发作频率随着时间的推移逐渐减少而已。而这些发作，并不是神秘帮助这一特征最重要的表现方式。或者，她最多只能再前进一步，即把自己的感觉和她缺乏自我主张的实际情况联系起来，并认为，自己对神秘帮助的信念取代了积极应对生活中种种困难的态度。做到这些尽管仍然不够，但却起到了相当大的帮助作用，因为它提供了一条新的动机，让克莱尔彻底摆脱了隐藏在这一信念后面的无助态度。但是，如果克莱尔没有把神秘帮助的信念和自己的心理依赖联系在一起，没有看到前者是后者主要的组成部分，那么这个病人是不可能彻底克服这一信念的。因为这个病人始终潜意识地心存这种想法：只要她找到了永恒的"爱"，帮助就会源源不断地到来。只有她看到了那个联系，只有她看到了自己这种期望中的谬误，看到了她必须为此付出的极大代价，这一自我认知才能完全发挥出它所具有的心理得以救治的效果。

因此，要求病人去探究一种人格特质是如何嵌入到自己的人格结构中的，探究其多方面的根源和多种多样的影响，这绝不是一个只有理论意义的问题，它还具有巨大的治疗价值。这一要求可以用我们熟悉的动力学说来表达：要想改变一种特性，我们必须先了解它的动机。不过，动机这个词就像一枚硬币，在长期的使用过程中变得有些陈旧、磨损。此外，它通常还暗示了驱力的概念，而在这里，可能还会被解释为：我们应该只寻找这样的驱力，不论它们存在于童年时代还是当前。在这种情况下，动机这个概念可能会产生误导性，因为一种特质施加于整个人格的影响，恰好跟决定它的存在的诸多因素同等重要。

我们所意识到的结构上种种联系的必要性，绝不仅仅存在于心理学问题中。例如，我强调过的种种注意事项，应用在器质性疾病上，也具有同等的重要性。任何一位优秀的内科医生，都不会把心律失常当作是一个孤立的病症对待。他还会考虑其他器官，例如肾脏、肺脏等会以何种方式影响心脏。此外，他还必须要清楚，心脏状况反过来又会如何影响身体的其他系统，例如，它会如何影响血液循环或肝脏功能。他对有关此类影响方面知识的掌握，将帮助他了解这一病症的轻重程度。

在精神分析工作过程中，假如一定要重视零散的细节，那么，我们又该如何实现理想的连续性呢？从理论方面讲，答案就隐藏在前文中。一名病人如果已经进行了相关的观察，或取得了对自身的各种自我认知，那么，他就应该仔细检查一下，所揭露出的特质在各个方面有什么表现，会产生什么结果，它是由他人格中的哪些因素引起的？但是，我这样论述可能会让人感觉过于抽象，因此，我将尝试着用一个虚构的例子来加以说明。但是，我们必须谨记，任何简要的事例都必然给人一种简单、浅易的感觉，而这样的例子在现实中是不存在的。而且，此类事例只是想要展现需要识别的因素的多样化，并不能表明病人在对自己进行分析时所体验的情感经历，因此，它描绘出的是一幅片面的、过于理性的图画。

让我们记住这些保留意见，先来做如下假设。一个人观察到自己在一些情况下想参加讨论，却因为害怕可能受到批评而开不了口。他如果让这一观察结果在自己心里扎下根，那么他就会对这其中所涉及的畏惧情绪产生怀疑，因为不存在任何真正的危险会引起这种畏惧。他想知道，为什么这种畏惧如此强大，以至于自己会受其阻碍，不但无法表达自己的想法，也无法冷静思考。她想知道，这种畏惧是否比他的抱负还要强大，他想知道，这种畏惧是否比任何一种权宜之计都强大，从他的职业利益考虑，这些权宜之计能让他给人留下好的印象，因而是可取的。

因此，他对自己的问题产生了兴趣，他试图去探究自己生活的其他领域，以弄清楚这些领域是否也有类似的障碍在施加影响，如果有，它们采用的是什么方式。他审视自己和女性的关系。他是否会因为女性可能会挑剔他而感到胆怯，以至于不敢接近她们？他是否曾因为没有从一次失败中恢复过来，而一度患上了暂时性阳痿？他是不是不愿意参加聚会？他愿意去购物吗？他会不会因为担心可能被售货员认为是过于节俭而购买一瓶昂贵的威士忌？他会不会因为担心可能被服务员看不起而付了一大笔小费？再者，他对于批评的接受程度到底脆弱到了何种地步？事情发展到什么程度会让他感觉难堪，或让他受到伤害？只有在他的妻子公然批评他的领带的时候，他才会感觉受到伤害，还是妻子仅仅是赞赏吉米的领带和袜子总是搭配得体，就能让他感觉不舒服？

诸如此类的考虑，会让他对自身障碍的广度、强度及其多种多样的表现形式有一定的了解。接着，他就想要了解，这种障碍是如何影响他的生活的。他已经知道了，它让自己在很多领域都受到了抑制。他无法坚持自己的主张；对于别人对自己的要求，他过于顺从，因此，他永远不能做真实的自己，而只能潜意识地扮演着一个角色。这让他对别人心生怨恨，因为在他眼中别人想要支配他控制他，而这会伤害他的自尊。

最后，他留意寻找那些造成这种障碍的因素。是什么让他如此害怕受到批评？他可能会想起父母管束他的那些非常严格的标准，也可能回忆起很多让他遭受指责或让他发现自己不够好的事情。但是，他还必须考虑自己真实个性中的所有弱点，正是他的全部弱点造成了他对别人的依赖，并因此让他发现别人对他的看法具有强迫性的重要性。如果他可以找到所有这些问题的答案，那么他对自己害怕遭受批评的认知，就不再是一个孤立的自我认知，他将看到这一特质和他整个人格结构的关系。

有人很可能会产生这样的疑问：我举这个例子是不是想要说明，一名发现了一种新因素的病人，就应该用前文所指出的种种方法慎重地思索自己的经历和情感？当然不是，因为这具有前面讨论过的单纯运用智力进行分析所具有的同样的危险。但是，他应该留出一段时间，让自己沉心思考？他应该采用与考古学家同样的方法思索自己的发现———一名考古学家发现了一座被埋藏的、受损严重的雕像，他会从各个角度检查自己的珍宝，直到弄清楚雕像最初的种种特征。病人诊断出的任何一个新因素，都像是一盏探照灯，投射到他生活的一些领域，照亮了到那时为止仍是漆黑一团的地方。只要他对认识自己怀有强烈的兴趣，他就几乎必然会看到这些被照亮的地方。在这些地方，专家的指导尤其有益。在这种时候，精神分析师会主动帮助病人，去认清病人的感觉所具有的重要性，提出它所暗示的问题，将它跟以前的种种感觉联系起来。在无法获得这样的外部帮助时，最好的做法是，控制住自己想要进行分析的急切心情，提醒自己，一个新的自我认知意味着征服了新的领域，要通过巩固取得的成果，尽量让自己从这一征服中获益。在《不定期的自我分析》那一章中，对于每一个例子，我都提到了获得的自我认知可能暗示的问题。我们可以很肯定地说，牵涉其中的病人之所以没有发现这些问题，纯粹是他们的兴趣随着即时障碍的消除而消失了。

如果有人问克莱尔，她是如何在自我分析中取得如此出色的连续性的，很有可能，她给出的答案跟厨师回答烹饪秘诀的答案完全相同。通常，厨师的答案归结起来就是这一事实：跟着感觉走。虽然这个答案用在指导煎鸡蛋上差强人意，但是用在分析工作中，却绝非如此。没有人可以借用克莱尔的感觉，但是每个人都有他自己的感觉可以依循。而这让我们想到前文在讨论对种种联想进行解释时所应注意的一个要点：对自己的探索具备一定的知识是有帮助的，但指导探索的是病人本人的直觉和兴趣。我们应该接受这一事实：我们都是由需求和兴趣驱动的活生生的人，我们应摒弃这一错觉：我们的心如同一台上好了润滑油的机器一般完美运转。在分析的过程中，就跟在其他很多过程中一样，彻底地洞察一个含义比全面掌握所有含义，要有价值得多。错过的种种含义在以后的某个时间会再次出现，而那时，病人也许更有把握理解它们。

工作的连续性也可能受到本人无法控制的外部原因的干扰而中断。人并不是生活在实验的封闭状态中，所以就必须对中断情况的发生做好心理准备。许多日常经历会侵占人的思想，这其中有些还会引起要求立刻得到解释的情感反应。例如，假设克莱尔在处理自己的心理依赖时失业了，或接受了一个新的职位，该职位对主动性、自信心以及领导能力都有更高的要求。那么，无论在哪一种情况下，其他问题都比她的心理依赖更重要。在这种境况下，每个人所能做的就是把这些打断自己分析工作的事情纳入整体进展中，尽自己最大努力解决所产生的这些问题。不过，也有可能恰好发生了一些事情，能帮助我们处理手头的问题。例如，彼得提出断绝关系的要求，无疑对克莱尔进一步进行自我分析的问题起到了促进作用。

总而言之，对于外部干扰之事，我们无须过分担心。在治疗神经症病人期间，我发现，即使是具有决定性作用的外部事件，也只能在短时间内让病人偏离分析方向。病人会非常迅速地，甚至是在其自身都没有意识到的情况下，便返回他当时正在分析的问题，有时，他恰好就在中断的那一点上重新开始。我们无须为这种情况寻求任何神秘解释，例如，作出这样的假设：比起外部世界发生的种种事情，病人正在分析的那个问题对他具有更强的吸引力。很有可能，由于病人经历的大多数事情都能引起若干反应，而与他手头正在处理的问题最接近的那件事情，对病人的触动最深，因而会引导病人重新拾起他原本打算要放弃的线索。

这些论述强调的都是主观因素，而不是给出种种明确的指导，这一点可能会让我们想起有人对自我分析提出的批评：自我分析更像是一门艺术技巧，而非一种科学方法。由于这其中牵涉到对种种专门术语的哲学阐述，所以我们就不对这一争议进行讨论了，以免离题太远。在此，重要的是一种现实的考量。如果把自我分析称作一项艺术活动，会让很多人产生这种暗示：一个人必须特别有天赋才能从事此项工作。自然，我们每个人的才能各有不同，就像有的人特别擅长机械问题，或对政治具备特别敏锐的洞察力，有的人则在心理学思维方面天赋过人。然而，真正重要的并不是神秘的艺术天赋，而是一种完全可以定义的因素——一个人的兴趣或动机。这仍然是一个主观因素，但是，对于我们做的大多数事情，难道它不是决定性因素吗？最重要的因素是精神实质，而非规则。

第十章

处理抗力

精神分析利用或强调的是自我内部的种种力量，它分属两组利益迥异的因素。其中一组的利益在于维持由神经症结构所产生的幻觉和安全感不变；另一组的利益在于通过瓦解神经症结构，获得一定程度的内在觉醒和力量。由于这个原因——正如我们已经着重强调过的——从根本上讲，分析并不是一个超然的智力探索过程。理智是一个机会主义者，为在当时具有最大利益的一方服务。那些阻碍解放、力求保持现状的力量，会受到每一个有能力破坏神经症结构的自我认知的挑战，而且在受到这些挑战的时候，它们会用或这或那的方法竭力阻碍获取自我认知的进程。它表现为精神分析工作的种种阻碍，弗洛伊德运用"抗力"这一术语恰如其分地指称所有从内在牵制分析工作的因素。

抗力绝不是只产生于分析的情境中。除非我们生活在特殊的环境中，否则，生活本身对神经症结构造成的挑战，至少具有跟精神分析师同等的程度。一个人对生活种种秘而不宣的要求，由于其绝对性和刻板性，必然会屡遭挫败。他对自己的种种幻想，别人是无法分享的，这就导致别人对这些幻想产生怀疑或蔑视，以致伤害了他。他煞费苦心构建的安全措施并不稳固，种种侵袭仍无法避免。这些挑战也许具有建设性的影响，但是，它们在他身上引起的反应——正如他在分析工作中的反应——可能首先还是焦虑和害怕（两者中有一个占主导地位），之后，他便会强化自己的种种神经症人格倾向。他变得更加孤僻、更加专横、更具有依赖性等等，具体怎样视情况而定。

在某种程度上，精神分析师与神经症病人的关系所带来的情感和反应，和他与别人的关系所产生的情感和反应是相同的。但是，由于分析对神经症结构的攻击是外显的，所以它所展现出的挑战也更大。

在大部分精神分析的文献中，都有一条或含蓄或明显的定律：对于我们自身的阻碍，我们是无能为力的，也就是说，如果没有专家的帮助，我们不可能克服自身的抗力。这一坚定的信念，就成了阻碍自我分析概念的最有力的论据。不仅对精神分析师，而且对每一名曾经接受自我分析的病人而言，这都是一条极有分量的论据，因为对于在接近危险领域时所遇到的顽固而阴险的阻碍，精神分析师和神经症病人都十分清楚。但是，诉诸经验永远也无法得到确凿的论据，因为经验本身是由主流思想和风俗的整个复合体决定的，是由我们的思想决定的。更为特殊的是，分析经验是由这一事实决定的：病人没有得到独自处理自身抗力的机会。

更紧要的是，对弗洛伊德所有人本哲学的明确认识是精神分析师产生此信念的理论前提。这一论题十分艰涩，不适合在此深入研究，我们只需知道以下这些就足够了：人如果为种种本能所驱使，而在这些本能中一种具有破坏性的本能扮演了一个重要的角色——正如弗洛伊德的观点——那么，人性中为各种具有建设性的力量留下的成长和发展的空间就极为有限了（如果有的话）。然而，正是这些建设性力量构成了对产生阻碍的那些力量的有力抵抗。否定这些建设性力量，就让人产生一种失败主义态度，拒绝认为自己可以凭借自身努力克服阻碍。对于弗洛伊德哲学思想的这一部分，我并不赞同，但我不否认，抗拒问题仍是一个需要严肃考虑的问题。跟所有分析一样，自我分析的结果很大程度上取决于抵抗力量的强度和本我处理抗力的能力。

实际情况中，一个人面对抗力时的无助程度，不仅取决于抗力的明显程度，还取决于抗力的隐藏力量——换言之，取决于抗力要达到何种程度才能为人所识别。诚然，在公开的抗力中，它们可能为人所发现并遭到打击；例如，一名病人可能会充分意识到自己对接受精神分析怀有抵抗，他甚至有可能意识到自己极力抗拒放弃一种神经症人格倾向，正如克莱尔在她最后那次是保卫还是消除自己的心理依赖而进行斗争时所做的那样。更多时候，抗拒会以各种伪装形式接近病人，而病人却识别不出它们的真面目。在这种情况下，病人并不知道阻碍力量正在对自己施加影响，他只看到自己徒劳无功，或感觉无精打采、疲惫不堪、灰心丧气。此时，面对着一名不仅看不见，而且就他所知甚至并不存在的敌人，他自然会感到迷茫无措。

一个人识别不出一种抗力的存在，其重要的原因之一在于这一事实：不仅在他能直接面对与抗力有关的问题时——即，在他内心深处对生活的要求揭露出来、他的种种幻想遭受质疑、他的安全措施受到损害的时候——而且在他离抗力这片区域还很远，仅能隐约望其项背的时候，他的防御机制就调动起来了。他越是想保持这些原封不动，他对每一次靠近防御的行为就越是敏感，即使它们离得很远。他就像一个害怕雷暴雨的人，不仅对雷鸣电闪感到惊恐，甚至在看到远方地平线出现的一片云时，都会忧惧不安。这些长距离反应之所以能如此轻易就为病人所忽视，是因为它们是随着一个主题出现而产生的，而该主题看上去是无害的，是不大可能激起任何一种强烈的情感的。

想要诊断出种种抗力，就要对它们的起源和表现有确切的了解。因此，将我们已经论述过的散布于本书各处的——这些论述一般都没有明确提到抗力这个词——与此主题有关的内容归纳总结起来，并补充一些对自我分析特别重要的内容，似乎就非常必要了。

抗力的起源，是一个人想要维持现状所具有的种种利益的总和。这些利益并不——而且绝对不——等同于维持生病状态的意愿。每个人都想摆脱种种障碍和苦难，怀着这样的意愿，每一个人都完全赞同改变，而且都认为改变应尽快发生。病人想要维持的不是"神经症"，而是神经症中那些已得到证明能够给他带来极大主观价值的方面，是那些能让他从心底认为未来的安全和满足可以得到保障的方面。简而言之，任何一名病人都丝毫不愿意改变的那些基本因素，是涉及以下诸方面的因素：他对生活秘而不宣的要求，他对"爱"的要求，对权力、独立等的要求，他对自己的幻想，他可以相对轻松地生活的安全区域。这些因素的确切性质，是由病人的神经症人格的性质决定的。由于已经描述过种种神经症人格倾向的特性和动力，在此我就不需再进行深入阐述了。

在专业的精神分析中，绝大部分病例的抗拒都是由发生在精神分析本身当中的某件事引发的。病人如果已经构筑了强劲的二次防御，那么只要精神分析师一开始质疑这些防御是否正确，也就是说，只要精神分析师对病人人格中任何因素的准确性、优越性或不变性产生了任何一点怀疑，第一次抗拒就产生了。因此，如果一名病人的二次防御主要在于将所有跟自己有关的事物（包括缺点），都视为是卓越且独一无二的，那么，一旦他的任何一个动机遭到质疑，他就会立刻感到绝望。另一名病人则一旦发现，或精神分析师一向他指出，他自身内在的任何一丝不合理的迹象，他就会表现出烦躁且沮丧的反应。这与二次防御的功能——保护已经形成的整个神经症系统——是一致的，会引发这些自我防御反应的情况，不仅发生在一种特殊的、受到抑制的因素面临被揭露的危险的时候，还发生在所有事物无论其详情如何，都遭受质疑的时候。

　　但是，如果二次防御并不具备这样重要的力量，或病人已经揭露并且勇敢面对了这些防御，那么，在极大程度上，抗力就只是对遭受攻击的特定的受压抑因素的一种反应。一旦分析接近了（无论远近）特定病人禁忌的任何一处范围，他就会表现出畏惧或害怕的情绪，会潜意识地采取防御措施，以阻止进一步的入侵。对病人禁忌的这种侵犯，并不需要是某一具体的攻击，仅仅是精神分析师的一般行为也有可能造成这种结果。任何他做过或没做的事情，说过或没说的话，都有可能伤害病人的一个脆弱点，招致有意或无意的不满，而这会暂时阻碍他和病人之间的合作。

　　不过，对分析工作的抗力，也可能是由分析情境之外的因素引起的。在精神分析阶段，如果外部环境发生变化，朝着有利于神经症人格顺利运行的方向发展，甚至使神经症人格变得对病人确实有益，那么激发抗拒的因素就会大大增强；其原因当然是抗拒改变的力量得到了增强。但是，抗拒也可能由日常生活中的不利事件引起。例如，如果一名病人发现自己受到了所在圈子里一个人的不公正对待，他可能会极其愤怒，拒绝进行任何精神分析。他不但不会寻找自己感觉受到伤害或侮辱的真正原因，反而会把全部精力都集中在报仇上。也就是说，如果一个受到压抑的因素遭到触碰，无论这种触碰是明确的还是笼统的，某种抗力都会因此产生，而其诱因既可能是外部事件，也可能是分析情境的内部因素。

　　从原则上讲，自我分析中激发抗力产生的原因与此相同。不过，在自我分析中，诱发某种抗力的，不是精神分析师的解释，而是病人本人对某个令人痛苦的自我认知或暗示的接近。此外，由于精神分析师的行为所带来的诱因，在自我分析中也是不存在的。在某种程度上，这是自我分析的一个优势，不过我们也不应忘记，如果对这些诱因进行正确分析，它们会证明自己具有极大的助益。最后，日常生活经历似乎在自我分析中造成了极大的阻力。这一点很容易理解：在专业的自我分析中，由于精神分析师在其中扮演了重要角色，病人的情感大都集中在精神分析师身上，但是，在分析工作由病人独自承担的情况下，这种情感集中自然就不存在了。

在专业分析中，抗拒表现自己的方式可以大致分为三类：第一，公然抗争问题；第二，防御性的情感反应；第三，防御性抑制或逃避性策略。尽管形式各异，但从根本上讲，这些不同的表现方式只是坦率程度不同而已。

为方便说明，我们假设一名病人有谋求绝对"独立"的强迫性需求，精神分析师从他的人际交往障碍入手进行分析工作。病人认为，精神分析师的这种行为是对自己超然离群状态的间接攻击，因而也是对自己独立性的攻击。在这一点上，病人是正确的。因为，任何针对他与别人交际困难的工作，只要最终目标是改善他的人际关系、帮助他用更加友善、更加融洽的发现与人相处，就都是有意义的。精神分析师甚至可能并没有有意识地想到这些目标，他可能只是想了解病人的胆怯、了解病人的挑衅性行为、了解病人与女性相处的窘况，但病人却意识到了逐渐逼近的危险。这时，他的抗力也许会采取公开拒绝的方式来应对上面提到的困难，他公开声明，无论如何他都不认为有人会来干扰自己。或者，他可能会表现出对精神分析师的不信任，怀疑精神分析师想把自己的标准强加到他身上。例如，他可能会觉得精神分析师想把一种令人厌恶的合群性强加给他。或者他可能只是简单地对分析工作表现得无精打采：他不按时赴约，认为一切都好，转移话题，认为没有做过梦，或用各种含义晦涩的梦给精神分析师制造麻烦。

第一类抗力，即公然抗争，我们都非常清楚、熟悉，无须再作详细阐述。第三类抗拒，即防御性抑制或逃避性策略，将在不久后论述的它和自我分析的关联性中加以讨论。而第二类抗拒，即防御性情感反应，在专业分析中尤其重要，因为这种反应可能是针对精神分析师的。

在与精神分析师有关的情感反应方面，抗力有多种表现方式。在刚刚提到的那个病例里，病人的反应是：他怀疑自己受到了误导。在其他病例中，病人的反应可能是一种强烈却又莫名的害怕被精神分析师所伤害的恐惧。或者，反应可能只是一种弥漫性恼怒，或病人认为精神分析师太愚蠢无法了解自己或提供帮助，因而对其产生的蔑视情绪。或者，反应可能采取一种弥漫性焦虑的形式，而病人会试图通过寻求精神分析师的友情或爱的方式来缓解焦虑。

这些反应有时具有惊人的强烈程度，其原因部分在于病人发现自己构建的结构中一个重要部分受到了威胁，还有部分原因是这些反应本身具有重要价值。这些反应有助于将分析工作的重点从寻找因果这一基本工作，转移到安全得多的与精神分析师之间的情感状态上。病人没有仔细探索自身的问题，而是集中精力去说服精神分析师，赢得精神分析师对自己的支持，证明他是错的，挫败他的努力，惩罚他侵入自己禁忌领域的行为。随着重点的这一转移，病人要么会因为自身的种种困境而责备精神分析师，他让自己认为，精神分析师对自己了解甚少，又待自己极为不公，同这样一个人合作，自己是不可能取得进步的；要么病人会把分析工作的所有责任都推到精神分析师身上，自己则萎靡不振、反应迟钝。不用说，这些情感较量也许会在暗中进行，精神分析师需要进行大量的分析工作，才能让病人意识到它们。如果它们就这样被压抑了下来，那么病人就只有在它们已经造成了严重心理障碍的时候才会意识到它们的存在。

在自我分析中，抗力同样也是用这三种方式表现自己的，不过必然会有所差异。在克莱尔的自我分析中，公开而直接的抗力只出现过一次，但是针对分析工作的各种各样的抑制却非常多，逃避策略也很多。偶尔地，克莱尔还会对自己的分析发现产生有意识的情感反应——例如，在发现自己对男性的心理依赖时，她很震惊——不过，这样的反应并没有阻止她继续进行分析工作。我认为，这是一幅抗力在自我分析中运作方式的相当典型的图画。在任何情况下，这都是我们可以合理期待的一幅图画。对于自己获得的发现，病人必然会产生情感反应：他对在自己身上发现的事物感到惶惑、羞耻、内疚或恼怒。不过，这些反应在自我分析中占据的比例，跟在专业的分析中是不同的。原因之一是，在自我分析中，病人的防御战并没有精神分析师的参与，或者说病人无法把责任推给精神分析师，他只能依靠自己。另一个原因是，一般来说，病人在处理自身问题的时候，比精神分析师更加谨慎：他对危险的觉察十分敏锐，远远领先于精神分析师，他几乎会潜意识地避开与危险的直接接触，转而求助于一个或另一个方法，以逃避眼前的问题。

这就把我们带到了如下问题上：抗力可能采用的表现自己的防御性抑制和逃避性策略。妨碍分析的这些方式，就像因人而异的个性，多到不可胜数，而且它们可能发生在分析过程中的任何时刻。只要指出它们可能在哪些关键点上阻碍分析进程，我们就能很轻松地讨论它们在自我分析中的表现形式。简要概括，它们可能会阻止一名病人着手分析一个问题；它们可能会损害他自由联想的价值；它们可能会妨碍他的理解；它们可能会让他的感觉站不住脚。

妨碍病人着手分析问题的抗力也许很难辨别，因为，通常情况下，独自工作的病人无论如何都不会进行定期的自我分析。他不应让自己关注那些他认为无须进行分析的时期，尽管在这些时间段里，抗力也会发挥作用。但是他应该对如下这些时期非常谨慎：他感到非常的痛苦、不满、疲惫、恼怒、犹豫、惶惑，然而却还是会克制任何试图脱离这种状态的想法的时期。在那些时期，他可能会意识到自己并不情愿进行自我分析，尽管他完全明白，自我分析至少可以给自己一个摆脱这些痛苦的机会，能让自己从中有所领悟。要不然，他可能会找很多借口为自己不进行分析的行为辩解——他太忙、太累、没有时间。这种形式的抗拒，在自我分析中很可能比在专业分析中更常见，因为在专业分析中，尽管病人可能会偶尔忘记或取消一次与精神分析师的约定，但是常规、礼貌以及金钱会产生足够的压力，阻止他频繁地毁约。

在自由联想的过程中，防御性抑制和逃避手段运作的方式十分迂回曲折。它们可能会让病人一事无成。它们可能会引导病人去"理解"，而不是让他的思想自由流转。它们可能会让病人的思想离开正题，或者，更确切地说，它们让病人产生了倦怠感，以致忘记了要关注自由联想的发展。

抗力会在一些因素上制造盲点，对病人的理解造成干扰。即使病人完全有这方面的能力，他也可能会注意不到这些因素，或没有把握住它们的含义或重要性。在克莱尔的分析中，就有多个这方面的例子。另外，病人可能会非常蔑视显露出来的情感或想法，正如克莱尔起初就极大地低估了自己对彼得的不满和两人交往中的不幸的感觉。再者，抗力可能会把病人的探索引到错误的方向。在这个方面，较之完全凭借想象作出解释，即为自由联想加入实际上并不具备的含义，不考虑因素出现的背景，便选择一个现有因素，并因此错误地将其融合，后一种做法的危害更大。克莱尔对脑海中浮现起的关于玩具妹妹埃米莉的回忆的处理，就是证明。

最后，在病人确实取得了一个真正的感觉的时候，以抑制或逃避的方式运作的抗拒可能会用很多方法来破坏它的建设性价值。也许，病人会否认自己所获感觉的意义。或者，他不会耐心地探索该感觉，而是草率地断定，需要做的唯一一件事就是集中精力克服特定困难。或者，他可能会控制自己不采取进一步行动去巩固自己感觉的效果，因为他"忘记"了，不"想"继续下去，或出于某个原因，或直截了当地说自己抽不出时间来做这件事。而在他必须要鲜明地确定自己的立场的时候，他可能会——有意识地做出真诚的样子——采取一个又一个妥协的方法，因此自欺欺人地接受自己所取得的结果。然后，他就觉得——正如克莱尔多次所做的那样——他已经解决了一个问题，但实际上他离问题的解决还有很远的距离。

那么，我们应该如何应对抗力呢？首先，对于那些不明显的抗拒，任何人都会束手无策，因此应对抗力首要也是最重要的要求就是诊断出在运作的抗拒。一般情况下，大多数抗力都会为病人所忽略。而且，无论我们如何警惕，或如何专注于识别抗拒，必然会有一些抗拒形式逃开我们的注意。这其中最重要的就是盲点和极度低估的情感。这些抗拒所造成的障碍的严重程度，取决于它们分布的范围和顽固程度，以及支持它们的力量。通常，它们只是表明了一个事实：病人尚且无法正视这些因素。例如，克莱尔起初就不可能看出自己对彼得不满的强烈程度，或自己深受这一关系所害的程度。甚至是精神分析师也几乎无法帮助这个病人看到这一点，更确切地说是帮助这个病人了解这一点。在能够处理这些因素之前，克莱尔有大量的工作要做。这种考虑是令人鼓舞的，它暗示了，只要分析工作继续下去，盲点通常都会为病人所清除。

对在错误方向上的探索，这种考虑几乎同样适用。用这种形式表现出来的抗拒也很难为病人所察觉，而且它还会浪费时间。但是，在一段时间之后如果病人发现分析工作毫无进展，或他发现尽管自己已经分析了相关问题，却只是在原地转圈。跟其他所有分析一样，不要对已经取得的进展抱有幻想，对自我分析而言也很重要。这种幻想能暂时让人精神，但它轻易就能阻止病人去发现更深层的阻力。在自我分析中，病人有可能对种种感觉进行错误整合，这就是我们说的不定期寻求精神分析师的帮助，对自我分析工作进行检查是非常值得的原因之一。

考虑到其他种类的抗力可能具有令人生畏的强烈程度，它们就更容易为病人所注意到。如果病人的情况如上面所描述的那样，那么他肯定会注意到自己对分析工作产生的抗力。在自由联想的过程中，他意识到自己是在推测，而不是自发地思考；他注意到自己的想法脱离了正题，然后，他要么往回追溯，恢复原来的联想次序，要么至少重新回到离题的那个点上。他如果改天查看自己的笔记，就可能找到自己思考中的错误，就像克莱尔在期望神秘帮助那个联想中所做的一样。如果他察觉到自己的感觉带有明显的规律性，是对自己的高度赞美，或极度贬损，那么他就可以怀疑有因素在阻碍分析的进展。他甚至可以怀疑，沮丧反应是抗拒的一种形式，不过，如果他为沮丧情感所控制，想要做到这一点是很困难的；在这种情况下，她应该做的事情是，将沮丧本身视为分析引起的一种反应，而不是按其表面价值对待它们。

病人在意识到当前的工作受到抗力的时候，他应该放下手头的分析工作——无论这工作是什么，把遇到的抗拒当作最迫切的问题来解决。如果不顾抗拒，强迫自己继续下去，分析工作是不会取得任何进展的，用弗洛伊德举的例子来说，这种行为就是一次又一次试图打开一盏坏掉的电灯；而想要让电灯重新亮起来，必须首先找出哪里出了故障。是在电灯泡、电线，还是开关里。

解决抗力的技巧在于，尽力围绕抗拒展开联想。但是，在进行自由联想之前，审阅一下遇到抗拒之前的笔记，对解决发生在分析工作期间的所有抗拒都是有益的。因为，解开抗拒的线索很有可能就隐藏在一个至少曾触碰过的问题里。而且，浏览笔记的时候，发生偏离的那一点也许会变得明显起来。此外，病人有时会没有能力立刻着手处理抗力：他可能会十分不情愿或发现心神不安，不想这么做。这时，明智的做法是，不要强迫自己，仅仅做一个笔记，记下在这个或那个点上，自己突然感觉不舒服或疲倦，第二天在自己可以用一种新的观点来看待事情的时候，再重新开始分析该问题。

我主张病人"针对抗力展开自由联想"的意思是：病人应考虑抗拒特殊的表现形式，让自己的思想沿着这个方向自由流动。因此，如果病人注意到，不管自己思考什么问题，其解释总是归于一点——自己是最优秀的，那么，他就应该试着把这一感觉当作下一步联想的出发点。如果对一种感觉感到沮丧，他就应该提醒自己：该感觉可能触及了一些他尚且没有能力或不愿改变的因素，他应尝试着在心中围绕这一可能性展开自由联想。如果他的困难在于着手处理分析这方面，那么，即使他觉得需要进行自省，他也应该提醒自己：之前的一部分分析或一个外部事件可能已经造成了一种障碍。

由外部因素引起的这些阻碍在自我分析中尤为常见，其原因上文已经论述过了。受神经症人格倾向控制的人——或者说，在这件事上，几乎所有的人——很有可能会发现受到了冒犯或受到了一个特定的人的不公正待遇，或笼统地认为命运对自己不公，而且会按表面意思来对待自己的痛苦反应或不满反应。在这种情境下，需要做大量的澄清工作，才能将真正的冒犯和虚构的冒犯区分开来。而且，即使冒犯是真实的，也没有必要作出这样的反应：如果不是自身感情脆弱，容易为别人对自己的作为所伤害，那么，对于很多冒犯行为，他完全可以对冒犯者回之以怜悯或指责，或公然抗争，而不是只感觉受到伤害或怨恨。比起仔细检查自身的哪个脆弱点受到了攻击，单纯认为自己有权利愤怒自然要容易很多。但是，为了自己的切身利益，即使他十分肯定，别人曾令他痛苦、对他不公，或完全不体谅他，他也应该采用前一种方法。

假设一位妻子得知自己的丈夫与别的女人发生过一段短暂的婚外情，她深为焦虑。尽管她知道这件事已经过去了，尽管她的丈夫竭尽全力去修复夫妻关系，但是，数月之后，她仍然无法对此释怀。她让自己和丈夫都深陷痛苦之中，而且不时地羞辱丈夫。除了丈夫辜负了她的信任，让她受到真正的伤害，还有很多原因可以解释她的这些感受和做法。例如：除了她，丈夫也会喜欢上别人，这一事实可能伤害了她的自尊。丈夫脱离了她的掌控和支配，这让她无法容忍。这件事可能引起了她对被抛弃的恐惧，正如它可能在克莱尔这类人身上所能激起的反应一样。她可能因为一些自己没有意识到的原因，对自己的婚姻心存不满。她可能是利用这一引人注目的事件做借口，来发泄自己所有受到压抑的愤懑，因此她的所作所为只是一场潜意识的报复行为。这个妻子可能倾心于另一个男人，因而对丈夫享受了她不允许自己享受的自由感到愤恨。如果她检查一下这些可能性，她也许不仅能极大地改善当前的处境，而且还会对自己有一个更加清楚的认识。但是，只要她固执地强调自己有愤怒的权利，那么，这两种结果都不可能实现。尽管在那种情况下，她要察觉出自身对自省的抗拒非常困难，但是，如果这个妻子控制住自己的愤怒，她的处境也会与上述两种结果基本相同。

关于处理抗力的态度，有一种言论较为恰当。知道自身存在抗力，我们很容易就恼怒发火，就好像它暗示了一种令人不快的愚蠢行径或固执行为。这种态度是可以理解的，因为我们在追求自身最大利益的道路上遇到了自己制造的障碍，这确实是令人不快，甚至令人恼怒的。然而，一个人因为自身的抗力而斥责自己，这是不合理的，甚至没有任何意义。他不应因为那些支持抗拒力量的壮大而受到指责，而且，此外，这些抗力努力保护的神经症人格，曾在其他所有方法都无法帮他应对生活的时候，为他提供了帮助。对他而言，明智的做法是，把这些对立力量看作是既有因素。我更趋向于这样表述：他应该把这些抗力当作自身的一部分，并予以相应的尊重——尊重它们指的不是认可它们、纵容它们，而是承认它们是自身发展不可分割的一部分。这种态度不仅能让他更公正地看待自己，还给他提供了一个更好的处理抗拒的准则。他如果怀着一种敌意的、想要粉碎这些抗力的决心去接近它们，那他将很难具备了解它们所必需的耐心和意愿。

如果按这样的方法、态度来处理抗力，神经症病人了解并克服它们的可能性就大大提高。当然，这里有一个前提条件：这些抗力要没有病人的建设性意愿强大。而那些相比而言更强大的抗力造成的困难，即使作最乐观的估计，也只能依靠精神分析师的帮助才有可能克服。

第十一章

自我分析的限制因素

抗力和限制的区别，只在于程度的不同。任何抗力，只要它足够强大，就能转变成一种真实的限制因素。任何因素，如果会让病人认真对待自身的动力降低或丧失，那么，它就有可能成为自我分析的限制因素。这些因素尽管并不是独立的实体，但是除了分别加以讨论，我找不到任何其他的方法将其展现出来。因此，在下面的篇幅里，我有时会从多个角度对同一个因素展开探讨。

首先，根深蒂固的放弃态度对自我分析而言，是一种严重的限制因素。病人可能对摆脱自身精神障碍感到无望，因而除了半信半疑地尝试着解决自身问题，他再也没有更大的动力继续下去。在每一例严重的神经症中，都存在一定程度的绝望。这种绝望是否会对治疗构成严重障碍，取决于仍然活跃的或有待恢复的建设性因素的数量。尽管这些建设性因素似乎已经不存在了，但它们还是经常会显露出来。但是，有时，病人在幼年时期就已经完全精神崩溃，或深陷于这类无法解决的矛盾之中，以至于他在很早的时候就已经放弃了期待和抗争。

这种放弃态度也许完全是有意识的。他之所以表现出放弃的态度，因为他感觉生活毫无意义。通常，这种放弃态度会因病人自满于自己属于没有忽视这一"事实"的少数人而得到强化。在有些病人身上，并没有发生这种有意识的精心炮制；他们只是被动地以一种坚韧的方式忍受着生活，不再对任何更有意义的生活前景作出回应。

这种放弃态度也有可能隐藏在一种对生活的厌倦感中，就像易卜生笔下的海达·高布乐[1]。她对生活毫无期望。生活本应

---

[1] 《海达·高布乐》是易卜生于1890年出版的一部四幕剧。主人公名为海达·高布乐。海达贵为高布乐将军的女儿，嫁给了自己眼中平庸无趣的学者泰斯曼，她怀念从前恋人的才华和不羁，却选择将其毁灭，最终失去所有生活希望而自杀。

不时地给人带来心旷神怡的感觉，给人带来欢愉或激动或兴奋，但是海达却不希冀任何具有积极意义的东西。这种态度通常伴随着——与海达的情况一致——一种深度的愤世嫉俗，而这种愤世嫉俗则是怀疑人生的所有价值，不认同追求的所有目标的结果。但是，深度的绝望也可能存在于认同生活的价值、目标的人身上，这种人只是表面上给人一种有能力享受生活的印象。他们可能很好相处，会享受食物、酒水、性关系。他们在青春期时也许对生活充满了期待，心怀真正的兴趣和真诚的情感。但是，由于某种原因，他们变得狭隘，失去了自己所追求的目标；失去了对工作的兴趣，变得敷衍塞责；他们和人们的关系变得随便，产生得容易，结束得也容易。简而言之，他们不再追求有意义的生活，而是把注意力放在了生活中无关紧要的部分。

如果一种神经症人格倾向十分成功——如果我们可以这样不大准确地说的话——那么，一种全然不同的对自我分析的限制也就形成了。例如，一名患有渴求权利神经症人格障碍的病人，如果他的需求得到一定程度的满足，那么，即使他对自己人生的满足实际上是建立在流沙上的，他也会对给予自己的所有分析建议嘲弄不已。这同样也适用于下面这种情况：一名病人的心理依赖会在一种婚姻关系中——例如，一名患有该神经症人格障碍的病人和一名具有支配需求的病人之间的婚姻——得到满足，或因隶属于一个群体而得到满足。同样，一名成功地躲进象牙塔中的病人，会因为处于自己的神经症需求得到满足的范围内而感到相当自在。

神经症人格倾向的病人表现得自信，是由内部条件和外部条件共同作用造成的。从内部条件而言，一种"成功"的神经症人格绝对不能跟其他的强迫性需求发生过于尖锐的冲突。实际上，一个人不可能只被一种强迫性需求完全控制，而没有任何其他的强迫性需求：没有人能把自己简化成一台精简的机器，只朝着一个方向运行。不过，我们却可以无限接近这种专注度，而外部条件必然就是实现这一专注度的促进因素。外部条件和内部条件孰轻孰重，是可以不断变化的。在现实生活中，一个经济独立的人可以很轻松地退缩回自己的象牙塔里；但是，一个生活拮据的人，只要他把自己的其他需求压缩到最低水平，也可以从这个世界隐退。一个人在一种可以肆意炫耀声望或权势的环境中长大，而另一个人则是白手起家，但是他不懈努力，利用外部条件，最终实现了和前一种人相同的目标。

不过，无论神经症人格倾向的这种自信张扬是如何实现的，其结果多少都会给通过精神分析而实现的发展造成全面障碍。首先，这种成功的神经症人格价值极大，以至于病人根本不会甘愿接受任何对它的质疑。其次，进行自我分析的目标是追求和谐发展，追求与自我与他人的良好关系，而这一目标对此类病人没有多大吸引力，因为在他们身上，能回应这种吸引力的力量十分微弱。

分析工作的第三种限制因素，无论它们主要是与他人有关，还是与病人自身有关，我们都应该理解局限精神分析工作的第三种因素，应该强调这种倾向所具有的破坏性不必按其字面意思理解，例如，自杀的强烈欲望的意思，更多的时候，是采用敌意或蔑视或一种普通的对立态度等形式来表现的。这些破坏性的冲动，在每一例严重的神经症中都会存在。它们都处于每一例神经症发展状态的底层，只是程度有所不同，它们通过病人死板而自私的要求、幻想与外部世界之间的冲突而得到强化。任何一例严重的神经症都像一副严密的盔甲，阻止病人享受与他人的充实而活跃的生活。这必然会让病人对人生产生怨恨，尼采把这种因为被排除在外而产生的深切怨恨描述为"生之嫉妒（Lebensneid）"。出于诸多原因，敌意和蔑视——无论是对自身还是对他人——可能会达到相当强烈的程度，以至于自我崩溃看上去就成了一种很有吸引力的报复手段。对生活提供的一切说"不"，是剩下的唯一一种自我主张的方式。易卜生描写的海达·高布乐——这个人物我们在讨论放弃因素的时候提到过——就是一个典型的例子，在她身上，针对别人和自身的破坏性就是一种显著的倾向。

通常情况下，这种破坏性对自我发展的抑制程度，取决于破坏性的严重程度。例如，病人如果认为，战胜别人比为自己的生活做任何有建设性的事情都重要得多，那么，他就不大可能从分析工作中获得多少益处。在一个人的心中，如果享受、幸福和情感，或与任何亲密的人际交往都变成了可鄙的软弱或平庸的标志，那么无论是他本人还是其他任何人，想要穿透他那坚硬的盔甲都是不可能的。

第四种限制因素包含的范围更广，也更难定义，因为它涉及"自我"这一难以表述的概念。在此，用威廉·詹姆斯[1]的"真我"的概念来表达我的意思也许最确切，因为这一概念恰当地将物质自我和社会自我区分了开来。简单地说，"真我"跟"我"真正的所思、"我"真正的所想、"我"真正所需、"我"真正坚信的以及真正决定的事情有关。它是，或者说应该是精神生活中最活跃的中心，而这一精神中心正是分析工作诉求的对象。在

[1] 威廉·詹姆斯（William James，1842-1910），美国心理学家、哲学家、第一位在美国提供心理学课程的教育家，有"美国心理学之父"之称。

每一例神经症中，真实自我的范围和活跃性都受到了压制，因为坦率的自尊、天生的尊严、主动精神、对自己人生负责以及促进自我发展的类似因素，一直都在受到打压。此外，种种神经症人格本身也侵占了真实自我的大量精力，因为——再用一个前文用过的比喻——它们把一个人变成了一架遥控飞机。

在大多数情况下，病人重拾自我、发展自我的可能性的力量在初期是难以估计的，但这些可能性的数量却是充足的。不过，病人的真实自我如果遭到相当严重的伤害，那么他就失去了自己生活的重心，只能听从来自内部或外部的其他因素的引导。他在让自己适应所处环境方面的做法可能就过犹不及，成了一个机器人。他可能会发现，自己存在的唯一权利就是帮助别人，并因此也有益于社会——尽管他内在所有重心的缺乏不可避免地会降低他的效率。他可能会失去所有内在的方向感，要么随波逐流，要么就像我们在讨论"过于成功的"神经症人格倾向时所提到的那样，完全听从一种神经症人格倾向的掌控。他的情感、思想以及行为可能几乎完全由一种膨胀的意象所决定，以这种意象为基础，他构建了自身的形象：他表现出同情心，但没有真的体会到这种情感，同情只是他形象的组成部分；他有特定的"朋友"或"兴趣"，因为这是他的形象所要求的。

我们要论及的最后一个限制因素，是由极其完善的二次防御造成的。病人如果怀着自身的一切都是正确的、优秀的或不可更改的这样死板而坚定的信念，而他的整个神经症也是由这样的信念保护着，那么，他就很难产生想要改变任何事物的动机。

每一个为了将自己从神经症的束缚中解放出来而进行斗争的人，都知道或意识到了，这些束缚因素中有一部分是在自身内部运作的，而对那些不熟悉自我分析的人而言，把这些限制因素

——列举出来可能会产生一种抗力效果，令其对自我分析畏而却步。然而，我们必须记住，这些因素中没有任何一种受到了绝对意义上的抑制。我们可以毅然决然地认为，在现代，没有飞机，战争就没有丝毫取胜的可能。但是，如果一种无能为力的感觉，或一种对他人弥漫性的怨恨会阻止每一个想要对自己进行分析的人，那么这绝对是荒谬的。病人进行建设性自我分析的可能性，在很大程度上是由"我可以"和"我不能"或"我愿意"和"我不愿意"之间的力量对比决定的。而后者又是由损害自我发展的那些态度在病人内部的扎根深度决定的。一个人虽然一直随波逐流，找不到任何人生意义，却仍然隐约地寻找着什么，而另一个则像海达·高布乐那样，心怀一种痛苦而不可更改的顺从，放弃了生活，这样的两个人之间的差别是相当大的。就像下面这两种人的差别：一种人极度愤世嫉俗，把每一个完美典范都贬损为虚伪；另一种人看上去同样愤世嫉俗，然而对每一个真正践行自己理想的人，他却表现出了一种赞同的尊重和喜爱。或像是如下两种人的差别：一种人对他人普遍地心怀蔑视，极易发怒，却会对别人的友好作出回应；另一种人就像海达·高布乐，不论对朋友还是对敌人，都满怀恶意，尤其是对那些触及他内心残存的柔软情感的人，他甚至会产生将其毁灭的想法。

在分析的过程中，如果阻碍自我发展的诸多障碍确实无法克服，那么，导致这些障碍产生的因素肯定不止一个，而是多个因素的结合体。例如，深度的绝望只有与一种强化的神经症人格倾向、一副自以为是的盔甲，或一种无处不在的毁灭性结合起来，才会成为一种绝对的障碍。全面的自我异化，如果没有一种类似根深蒂固的心理依赖这样强化了的倾向伴随，是不可能具有抑制性的。也就是说，真正的限制因素只存在于严重而复杂的神经症中，但是，即使是在这些神经症中也可能仍然有建设性力量存在，只要病人能发现并利用它，就有可能克服限制因素。

正如上面所讨论过的那些，种种阻遏性的精神力量所具有的强迫性力量如果没有强大到能够彻底抑制，那么它们影响自我分析努力的方式就会有很多。一方面原因是，它们能让自我分析在只有部分诚实的精神的指导下开展，进而可能会在不知不觉间毁掉整个分析。在这种情况下，在每一例分析的初期才会出现的涉及诸多领域、范围相当广泛的片面性和盲点，会贯穿整个自我分析过程，而且不会像正常情况那样，在范围和强度上逐渐降低。而不在这些范围内的因素，则有可能直接为病人所面对。但是，因为在自我内部没有任何一处领域是与其他领域孤立开来的，所以，如果不与整个结构联系起来，就不可能真正理解各个领域，甚至，那些已经为病人所看到的因素，也只能停留在表面了解的程度上。

尽管卢梭的《忏悔录》只触及一点精神分析的皮毛，但是或许也能充当阐述这种可能性的一个例子。表面上看来，这本书的作者想诚实地为自己描绘一幅自画像，但他在实际创作的时候却有所保留。在整部书中，他留下了很多盲点，在此我们只提两个突出的因素——有关他的虚荣和他没有能力去爱的盲点，这两点非常明显，即使我们现在看来，都会产生古怪的感觉。他坦率地承认自己对别人的要求以及接受别人的帮助，但他却将因此而导致的心理依赖解释成"爱"。他承认自己的弱点，但却将此与自己的"心的发现"联系在一起。他承认自己无法释怀，但又总能证明自己的种种敌意都有正当理由。他看到了自己的失败，却总能找出理由把责任推到别人身上。

诚然，卢梭的忏悔并不是自我分析。然而，最近几年，我在重读这本书的时候，常常会想到一些朋友、病人，他们在精神分析中所做的努力跟该书作者所做的，并没有太大差别。因此，这本书确实值得我们进行谨慎的、批判性的研读。在自我分析中进行的努力，尽管经验更丰富、技巧更高明，却仍有可能轻易地就沦入相同的命运。一个具备更丰富的心理学知识的人，可能只是在试图为自己的行为和动机辩护、掩饰的时候，能够做到更加巧妙而已。

然而，卢梭在有一点上是坦率的，那就是他的性怪癖。这种坦率必定要受到赞赏，但是，他在性问题上的坦率，实际上却让他忽略了自己的其他问题。在这一点上，我们从卢梭身上吸取的教训也值得一提。在我们的生活中，性是一个重要的领域，因此，像对其他任何领域一样，诚实到几乎无情地对待性，是很重要的。但是，如果像弗洛伊德那样片面地强调性因素，则可能会怂恿很多人将其挑选出来，置于其他因素之上，卢梭的作为正是如此。在性问题上坦率是必要的，但是，只对性问题坦率却是远远不够的。另一种片面性是一种一直存在的趋势：把当前某一特定的障碍视为幼儿期某一特定经历的一个静态复制品。一个人在想要了解自己的时候，弄清楚那些在他的发展历程中起到重要作用的因素毫无疑问是非常重要的，而弗洛伊德最重要的发现，就是认为早期经历对人格形成所产生的影响。但是，在塑造当前人格结构中发挥作用的，始终是我们所有早期经历的总和。因此，只揭露出当前每个障碍与以前每个影响之间的孤立联系，是没有效用的。只有把当前的种种奇怪特性，看作是在当前人格中运作的种种因素的全部的相互作用的一种表现，我们才能了解这些特性。例如，克莱尔和她母亲的关系中所产生的那种特殊的发展状态，就肯定影响到了她对男性的心理依赖。但是，克莱尔如果只看到了新旧模式之间的相似之处，那么她就不可能诊断出强迫她保持这种模式的主要驱力。她可能已经看到了：她像服从母亲一样服从彼得；她像崇拜母亲一样崇拜彼得；她像期待母亲的帮助一样，认为彼得能在她痛苦的时候保护她、帮助她；她像怨恨母亲对自己的不公平待遇一样，怨恨彼得对自己的拒绝。意识到这些联系之后，她单凭发现一个复杂模式的运行方式，可能就在一定程度上缩短了她和自己的实际问题的距离。但是，实际上，她对彼得的依赖并不表示彼得象征着母亲的形象，而是她已经丧失了自尊，也几乎丧失了对自己的身份认同，后者则是由她的强迫性谦卑和受压抑的自大和抱负造成的。因此，她胆怯、拘谨、无助而且孤僻，她被迫去寻求庇护和自我修复，而她采取的方法却注定失败，只会让她更深地陷入由她的种种抑制和恐惧所结成的网中。只有充分认清事物之间相互作用的这些方式，她才能最终把自己从不幸的童年阴影中解救出来。

还有一种片面性是这种倾向：病人总是针对"坏的"方面或人们视之为坏的方面喋喋不休。这时，忏悔和谴责就取代了理解。这部分是依循着一种敌对的自责态度，此外还有一种隐秘的信念，即认为只要依靠忏悔就足以让自我分析取得进展。

当然，无论上面讨论过的那些限制因素是否存在，在自我分析的任意一次努力中，我们都可能发现这些盲点和片面性。在某种程度上，产生限制因素的原因可能在于精神分析先入为主的错误观点。在这种情况下，如果病人更全面地去了解自我分析，那么这些盲点和片面性是可以得到纠正的。但是，我在这里要强调的一点是，它们也可能只是代表了逃避主要问题的一种方法。在这种情况下，它们归根结底都是由抵制发展的阻碍引起的，而且如果这些阻碍足够强大，也就是说，如果这些阻碍发展成我所描述过的限制因素，那么那些盲点和片面性可能就构成了对分析成功的确切的阻碍。

精神分析师可能会因为上文所述的自我分析限制因素而中断治疗，从而影响自我分析的效果。在此，我指的是一些事例：在这些例子中，自我分析进展到任一点——此前的工作在一定程度上都是有益的——都无法继续下去，因为病人不愿解决自身内部那些阻碍他进一步发展的因素。这种情况可能发生在病人已经解决了那些最令人烦恼的因素，不再有一种强烈的对自己进行分析的需求之后——虽然还有很多弥漫性障碍遗留了下来。如果生活进展顺利，所做的努力也没有遇到特别大的挑战，那么这种想要松懈的诱惑就特别巨大。不用说，在这种情况下，我们没有人会想要迫切地进行全面的自我认识。问题最终归结到了我们每个人的人生观上，我们对自身建设性的不满越是重视，我们在进一步成长发展的方向上走得才会越远。不过，明智的做法是我们对自己的价值体系进行一个明确的了解，并采取相应的行动。我们如果仅仅在意识层面坚持成长的理想，实际上却并没有作出努力去实现这一理想，甚至用一种自鸣得意的自我满足感粉碎了自己的努力，那么这会造成对自我真实的根本缺失。

但是，病人也可能因为完全相反的原因中断了他在自我分析上所做的努力：对于自身的种种障碍，他已经获得了多方面相关的自我认知，却没有发生任何改变，由于看不到具体的成果，他感到十分沮丧。实际上，正如前文提到过的，这种沮丧本身就是一个问题，同样需要处理。但是，如果这种沮丧是由多种严重的神经症人格障碍所导致的，例如，来自上文所描述的那种绝望的放弃态度，那么病人可能就无法独自解决这个问题。不过，这并不意味着他在此前所做的种种努力就是无用的。通常，他能够取得的成就虽然会受到种种局限，但他已经成功地摆脱了自己神经症障碍的一个严重症状。

固有的限制因素导致自我分析提前终止的方式，还有另外一种：病人调整自己的生活，使其与自己的神经症相一致，这样一来他找到的解决方法也许就是虚假的。而这样的解决方法，生活本身也能帮病人。病人可能会突然进入这种环境：该环境为他的权利欲提供了一个发泄途径，或提供给他一种无须显达、居于从属地位的生活，让他不必坚持自己的权利。他可能抓住了婚姻这个机会，满足了个人的心理依赖需求。或者，他可能或多或少有意识地作出决断：他在人际关系方面的种种困难——这其中有些困难已经为他所察觉、了解——消耗了他太多的精力，过上平和生活或解救他的创造力的唯一方法就是离群索居，因此，他可能会把自己对他人对物质的需求限制降到最低程度，在这种情况下，他的生活还凑合。诚然，这些解决方法并不理想，但病人却能在较之以往更高的层次上达到一种心理上的平静。在一些非常严重的神经症障碍的情况下，此类虚假的解决方法却也许是能够实现的最好方法。

从原则上讲，建设性工作中的这些限制因素，既会在专业的自我分析中出现，也会在自我分析中出现。实际上，正如前面提到的，阻遏性力量如果足够强大，想要进行分析的意图就会遭到彻底排斥。而且，即使没有遭到排斥——病人所承受的限制如果沉重到一定程度，他就会寻求精神分析——精神分析师也不能用无中生有的方式召唤回遭到彻底压制的力量。总之，自我分析中的限制因素相对而言要严重得多。在多数情况下，精神分析师都能向病人指出具体的问题，指出可以取得的解决方法。相反，如果病人是独立工作，那么在面对那些难以辨认的、看上去无法解决的障碍时，他就会觉得十分茫然，就不可能鼓起足够的勇气去尽力解决自己的难题。此外，在精神分析阶段，病人内在的各种各样的精神力量的相对强度是可能改变的，因为其中没有任何一种是被永远地赋予了一定的数量。引导着病人走近真实的自己、走近别人的每一步，都会减轻他的绝望和孤独，并因此增加他对生活的积极的兴趣，也包括他对自身发展的兴趣。所以，在与精神分析师共同工作了一段时间之后，即使是那些原本神经症障碍十分严重的病人，在一些情况下，也能够独立地继续进行自我分析——如果必要的话。

虽然无论何时，只要涉及复杂的弥漫性障碍，自我分析和专业精神分析相比较，基本上都是专业精神分析占优势，但是，我们也应该关注自我分析的限制因素。把自我分析和它不可避免的种种缺陷拿来跟一次理想的精神分析做比较，这并不公平。我认识几个人，精神治疗对他们几乎没有效果，但后来，他们依靠自己成功地治愈了自己。对于这两种方法，我们都应谨慎小心；对于在没有专家帮助的情况下，这两种治疗方法能够达到什么效果这个问题，我们既不能低估也不能高估。

这就把我们带回了本书开篇提出的一个问题：在什么样的具体条件下，一个人能够进行自我分析。如果他已经接受过一些精神分析，而且如果条件有利，我认为——正如我一直在本书中所强调的——他可以独自继续分析下去，且有望取得效果深远的成绩。克莱尔的案例以及其他很多未在此列出的案例，都清楚地表明了，取得了先前的分析经验之后，神经症病人完全有可能独立处理那些很严重很复杂的问题。我们似乎有理由期望，精神分析师和病人都能进一步意识到这种可能性，从而进行更多的尝试。我们也认为，精神分析师能逐渐确立起一些准则，这些准则将帮助他们作出判断，决定什么时候可以合理地鼓励病人独立继续进行自我分析。

在这一背景下，我想要强调一个注意事项，尽管它跟自我分析并没有直接关系。精神分析师如果不摆出一副权威的态度来对待病人，而是一开始就清楚地说明，自我分析是一项需要精神分析师和病人双方配合的、需要向着共同的目标积极努力的工作，那么病人就能在一个更高的层面挖掘自身的资源。病人不会再有那种无能为力的感觉，不会有那种或轻或重的茫然感，不会觉得全部责任都应由精神分析师来承担，会学着主动地、机智地做出回应。一般说来，自我分析已经经历了这样的发展历程：从精神分析师和病人都比较被动的情况，到精神分析师更主动的情况，最终到参与双方都扮演主动角色的情况。后一种情况越是盛行，我们实现目标所需要的时间就越短。在此，我提到这一情况的原因，不是要指出缩短精神分析的可能性——尽管这一点既可取也重要——而是要指出合作态度对自我分析发展前景的巨大贡献。

对那些之前没有分析经验的人而言，自我分析是否具有可行性，这个问题很难给出明确的答案。这个问题大半——即使不是全部——取决于神经症障碍的严重程度。我并不怀疑，严重的神经症属于专家研究的领域：任何一名患有严重神经症障碍的人，在开始进行自我分析之前，都应该向专家咨询。但是，在考虑自我分析的可能性时，首先从严重神经症的角度去考虑，这是错误的。毫无疑问，轻度神经症的数量比严重神经症要多得多，而各种各样的神经症问题主要是由特定情境中的种种困难引起的。患有这些轻度神经症的病人很少会引起精神分析师的注意，但是，他们的困难却不应为我们所轻视。他们的病症不仅会造成痛苦和障碍，而且还会导致珍贵精力的浪费，因为这些病症束缚了病人的发展，令其无法将自己的人性能力发展到最佳状态。

关于这些困难，我认为，在《不定期的自我分析》那一章里记录的此类经验是令人鼓舞的。在那一章所记录的几个事例中，其中的病人几乎没有精神分析的经历。诚然，他们在自省方面的努力并没有获得足够的成效。但是，我们似乎没有正当理由去怀疑，具备了有关神经症的更广泛的一般知识以及处理神经症的方法之后，这种尝试可以走得更远——当然，这始终有一个前提，即神经症没有严重到抑制的程度。较之严重的神经症障碍，轻度神经症障碍的人格结构没有那么顽固，因此，即使是并不十分深入的尝试也能有很大的帮助。在治疗的阶段，如果某位病人患有严重的神经症，那么精神分析师必须对他进行大量的精神分析。如果某位病人患有轻度神经症，那么精神分析师必须指导他克服潜意识层面的阻碍。

但是，即使我们承认，有很多人可以从自我分析中获益，那么他们就能完成这一工作吗？会不会始终有未能解决的问题，甚至根本未提及的问题遗留下来？我的答案是：所谓彻底的分析根本不存在。这个答案并不是在放弃精神的引导下给出的。当然，分析进行得越彻底，我们可以获得的自由就越多，对我们自身也越有利。但是，完美的分析这种概念不仅看上去自以为是，而且在我看来，甚至缺乏任何令人信服的吸引力。生活就是抗争和奋斗、发展和成长，而分析则是推动这一过程的一种途径。它的建设性技能当然很重要，但奋斗本身也具有内在价值。正如歌德在《浮士德》中所说：

"每一种坚持不懈，都是在自我救赎。"